U0260418

发 现 身 边 的 蝴 蝶 家 园

寻蝶笔记

魏兰君 廖怀建 —— 著

江苏凤凰科学技术出版社 · 南京

图书在版编目（CIP）数据

寻蝶笔记 : 发现身边的蝴蝶家园 / 魏兰君, 廖怀建著. -- 南京 : 江苏凤凰科学技术出版社, 2025. 1.

ISBN 978-7-5713-4465-8

Ⅰ. Q964-49; Q94-49

中国国家版本馆CIP数据核字第2024XG6314号

寻蝶笔记——发现身边的蝴蝶家园

著　　者	魏兰君　廖怀建
责任编辑	沈燕燕　韩沛华
责任校对	仲　敏
责任设计	蒋佳佳
责任监制	刘文洋
出版发行	江苏凤凰科学技术出版社
出版社地址	南京市湖南路1号A楼，邮编：210009
编读信箱	skkjzx@163.com
照　　排	江苏凤凰制版有限公司
印　　刷	上海雅昌艺术印刷有限公司
开　　本	787 mm×1 092 mm　1/16
印　　张	11.5
插　　页	4
字　　数	220 000
版　　次	2025年1月第1版
印　　次	2025年1月第1次印刷
标准书号	ISBN 978-7-5713-4465-8
定　　价	68.00元

图书如有印装质量问题，可随时向我社印务部调换。联系电话：025-83657629

前言

您可曾记得，最近一次与蝴蝶的邂逅是在何时何地？或许在城市的喧嚣中，我们已许久未见到那翩翩起舞的倩影；又或许在乡村与山野间，那些轻盈掠过的小生命也未能引起我们足够的注意。

蝴蝶——这些我们身边的小精灵，是大自然赠予我们的一份珍贵礼物。无论是下班路上的公园绿地，还是周末郊游的树林山丘，或是城郊的农田果园，甚至是房前屋后的杂草角落，都可能是它们栖息的家园。那么，究竟有哪些蝴蝶在我们身边悄然生活？我们又该如何借助植物的线索，去探寻它们的踪迹？那些与蝴蝶息息相关的植物，又蕴含着怎样的秘密与魅力？本书将带您一同探寻这些问题的答案。

书中的插图采用水彩手绘的形式展现。手绘，作为博物学的传统记录方式，能够更细腻地捕捉那些不易被发现的细节，让我们更深入地领略这些自然精灵的风采。通过自然观察与手绘记录的结合，本书希望能为您带来一段难忘的蝴蝶邂逅之旅。

让我们一同走进这个我们既熟悉又陌生的世界，寻找身边的蝴蝶家园，感受大自然的神奇与魅力吧！

编著者

2024 年 6 月

几点重要的说明：

◎ 我国疆域辽阔，拥有复杂的气候特征和地貌类型，因此不同地区适宜生存的植物与蝴蝶种类各不相同。本书中介绍的蝴蝶与植物，大多来自我国东部地区，尤其常见于长三角地区的平原和丘陵，其他地区的物种则涉及较少。

◎ 随着学科研究的深入，蝴蝶的分类系统也历经变迁。本书依据当前国际学界广泛认可的形态及分子证据，将蝴蝶分为七科：凤蝶科、喜蝶科、弄蝶科、粉蝶科、蛱蝶科、蚬蝶科以及灰蝶科。在这七科中，除了喜蝶科外，其余六科在我国均有分布。

◎ 尽管我们日常生活中所见到的蝴蝶，多数并未列入我国的保护物种名录，但每一种蝴蝶，无论其珍稀程度或外貌如何，都在自然界中扮演着不可或缺的角色。愿我们都能怀着敬畏之心，远远观赏这些自然的精灵，而非剥夺它们飞翔的自由。让我们从小事做起，避免因为人类的过度捕捉而让蝴蝶的生命之歌成为绝唱。

目录

第一章

蝶影重重

寻踪

蝴蝶因其斑斓的色彩和灵动的姿态而备受人们青睐。我国是蝴蝶多样性极为丰富的国家之一，记录在案的蝴蝶种类超过 2 000 种，其中不乏仅在我国分布的珍稀特有种。

然而，在现代社会的喧嚣中，蝴蝶似乎与我们渐行渐远。这是因为人类营造的环境对蝴蝶而言并不友好，汽车尾气、城市噪声、光污染以及化学农药等因素，都使蝴蝶的栖息环境愈发恶劣。但令人欣慰的是，仍有一部分蝴蝶顽强地适应了这些环境，它们在城市的角落、公园绿地或是街头巷尾，为我们的城市带来一丝来自大自然的清新与活力。

这些蝴蝶会出现在你意想不到的地方，花圃果园、林间草丛，甚至是家中阳台的花盆里。但为什么我们很少注意到它们的存在呢？这是因为有些蝴蝶在幼虫或蛹的阶段并不易被发现，而有些蝴蝶则因为体型小巧、色彩低调而难以引人注目。

大部分蝴蝶喜欢温暖湿润的环境，因此在气候宜人、环境优美的热带地区，蝴蝶的种类和数量都更为丰富。而在四季分明的地区，蝴蝶的活跃程度往往具有较强的季节性，在冷凉季节找到蝴蝶颇具挑战。为了四季都能与这些美丽的精灵相遇，我们需要更深入地了解蝴蝶的生活习性。

识蝶

蝴蝶属昆虫纲、鳞翅目，一生经历卵、幼虫、蛹和成虫 4 个阶段，每个阶段都有其独特的生活状态和形态。

蝴蝶通常将卵产在特定的寄主植物上，这些植物为蝴蝶幼虫提供了生长所需的食物。幼虫孵化后，便以寄主植物的叶片为食，迅速生长。经过几次蜕皮后，幼虫会选择一个安全的地方化蛹。蛹是蝴蝶生命周期中一个静止的阶段，虽然看似毫无生气，但内部却正在经历着剧烈的变化。在这个阶段，蝴蝶的身体结构发生了巨大的转变，从原本的幼虫逐渐变成了拥有翅和触角的成虫。

当蝴蝶成虫从蛹中羽化而出时，它们便开始了新的生活。此时的蝴蝶不再以植物的叶片为食，而是用吸管状的口器吸取花蜜。这一行为被称为“访花”，而那些吸引蝴蝶的开花植物则被称为“蜜源植物”。

除了访花之外，有些蝴蝶还喜欢在丛林中生活，它们从小溪、泥潭、野果甚至动物的排泄物中吸取所需的水分和养分。这种多样化的生活方式使得蝴蝶能够在各种环境中生存和繁衍。

通过了解蝴蝶的生活习性，观察蝴蝶的寄主植物和蜜源植物，我们可以初步锁定蝴蝶可能出现的大致位置。因此，辨识这些植物也成为我们探寻蝴蝶踪迹的一项重要任务。

守护美丽

蝴蝶在生态系统中扮演着重要的角色，它们作为传粉昆虫有助于植物的繁殖和基因交流，同时也是许多动物的食物来源。

然而，由于人类活动的干扰和环境的恶化，蝴蝶的栖息地和生存环境受到了严重威胁。城市化进程、农药使用以及气候变化等因素都对蝴蝶的生存造成了负面影响。我们所能见到的蝴蝶越来越少。

为了不让眼前的美丽消失，我们可以从小事做起，为它们提供合适的栖息环境。在花园或阳台上种植一些蝴蝶喜欢的植物，为它们提供食物和栖息地。此外，减少化学农药的使用、保持生态环境的多样性也是保护蝴蝶的有效措施。

同时，我们还可以参加保护蝴蝶的公益活动，观察、记录蝴蝶，宣传保护蝴蝶的理念，增强公众对蝴蝶保护的意识，让这些美丽的精灵拥有更美好的生存环境。

第二章 城市绿地

公园绿地犹如繁华城市中的绿洲，是城市生态系统的重要组成部分。这些经过精心规划和布局的绿化区域，是户外休闲和社交的绝佳场所，也是我们追寻蝴蝶踪迹的起点。

绿地中的绿化植物和观赏花卉，不仅是城市的点缀，更是蝴蝶生存的乐园。我们在喜爱吸引蝴蝶的美丽花朵的同时，也应该感谢那些给蝴蝶提供容身之所的寄主植物，正是它们的存在，让蝴蝶得以在城市中繁衍。

那么，蝴蝶是否会对这些城市绿地中的植物造成危害呢？答案通常是否定的。蝴蝶的寄主植物种类比较单一，且与那些容易暴发成灾的昆虫相比，蝴蝶的生存和繁衍能力并不算强。此外，自然界中还有众多天敌，如鸟类、蜘蛛和其他捕食性昆虫，它们共同维持着蝴蝶种群的平衡。因此，我们很少见到蝴蝶对绿化植物造成严重破坏的情况发生。

随着人们对城市生物多样性保护的日益重视，研究人员正积极探索如何利用城市景观来营建蝴蝶的栖息地，使城市成为蝴蝶更好的家园。这一努力不仅有助于保护蝴蝶这一美丽的生物，而且能让我们的城市变得更加宜居。

绿树成荫的街道

街道两旁的行道树
是市民的遮阳伞
是城市的风景线
如同绿色使者
默默守护着我们的家园

❶ 柳树、杨树 / 柳紫闪蛱蝶

垂柳，是长江至黄河流域城市中常见的树种。其枝条细长柔软，树形婀娜飘逸，在江南水乡常依水而生，春天时节满城柳絮飞舞，形成极具诗情画意的优美景象。垂柳的柔美之姿常让人联想到柔弱的女子，《红楼梦》里就用“**行动处似弱柳扶风**”来形容林黛玉的纤弱。

细长柔弱的枝条，却具有顽强的生命力。

垂柳的雄花序与雌花序

垂柳枝条

柳絮和杨絮很相似，它们的种子（小黑点）就藏在这些一团团的白色绒毛里

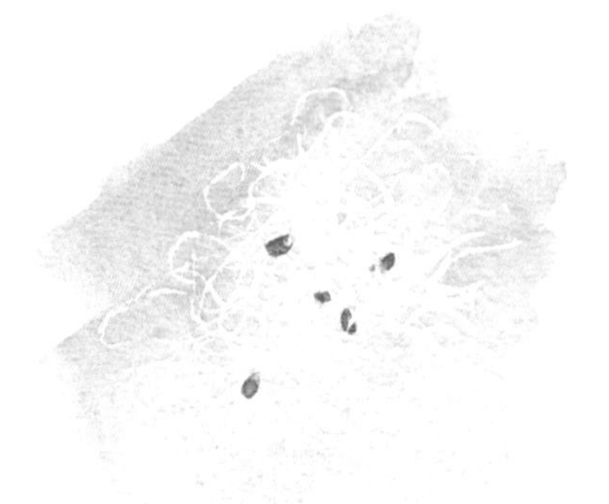

然而，垂柳实非外表那般娇弱，它被誉为“易生之木”，生命力顽强。它既能适应温暖的气候，也耐得住寒冷；既能在湿润的土壤中生长，也能在干燥的环境中存活。即便是随意插下的枝条，也能在土中生根发芽。古语有云“**有心栽花花不开，无心插柳柳成荫**”，正是对垂柳易栽易活特性的生动描绘。

柳紫闪蛱蝶，这一美丽的生灵，以杨柳科植物为寄主。雄蝶翅膀背面在一定角度下闪现出迷人的蓝紫色光芒，得此美名。而雌蝶则无此光彩。雄蝶具有领地意识，飞行迅速，常在树冠层活动，时而落在树梢，展示其威武之姿，以驱赶其他蝴蝶。

柳紫闪蛱蝶

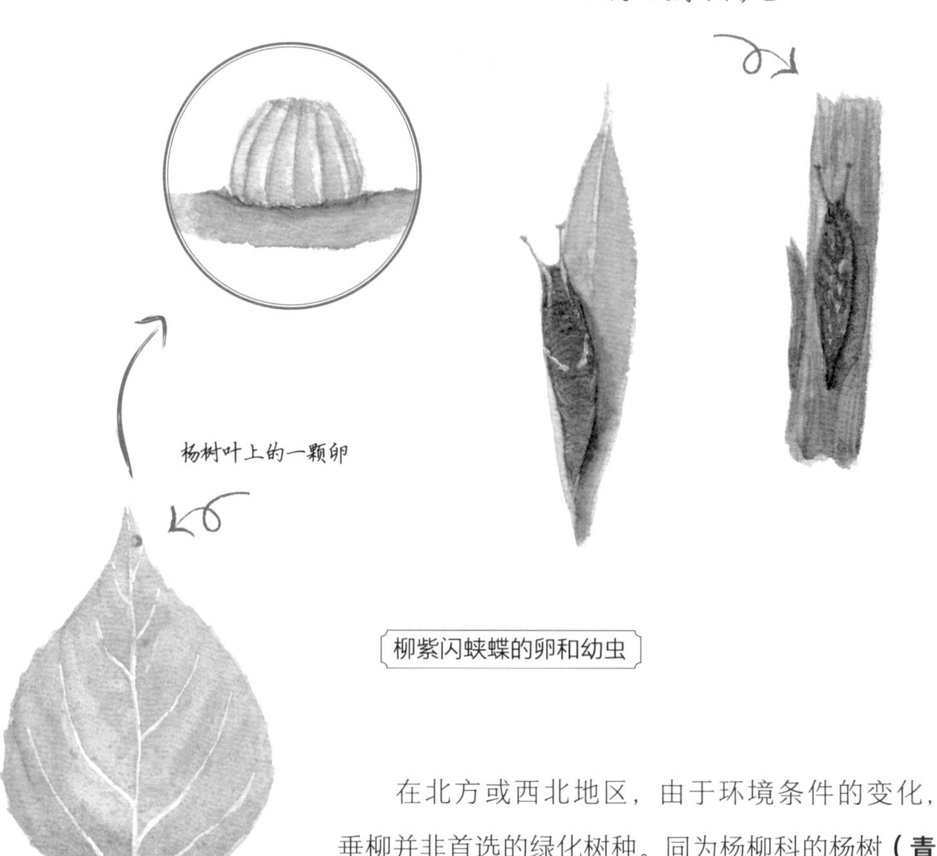

柳紫闪蛱蝶的卵和幼虫

在北方或西北地区，由于环境条件的变化，垂柳并非首选的绿化树种。同为杨柳科的杨树（**青甘杨**）便成为柳紫闪蛱蝶的主要寄主。无论是柳树还是杨树，作为落叶乔木，它们在秋冬季节都会变得光秃秃，蝴蝶幼虫失去了食物来源，进入休眠状态。直到来年的初夏至初秋，当寄主植物重新繁茂时，我们才能再次见到柳紫闪蛱蝶的翩翩身影，它们与这些树木一同为城市带来生机与美丽。

② 樟 / 青凤蝶、宽带青凤蝶、白带螯蛱蝶

樟，又称香樟，是南方城市常见的行道树。它四季常青，枝叶茂密，树冠舒展，在夏季能为人们提供清凉避暑之地。香樟的特殊香气，源自其体内的挥发性物质，不仅令人心旷神怡，还具备天然的驱虫效果，所以人们喜欢用樟木做家具。

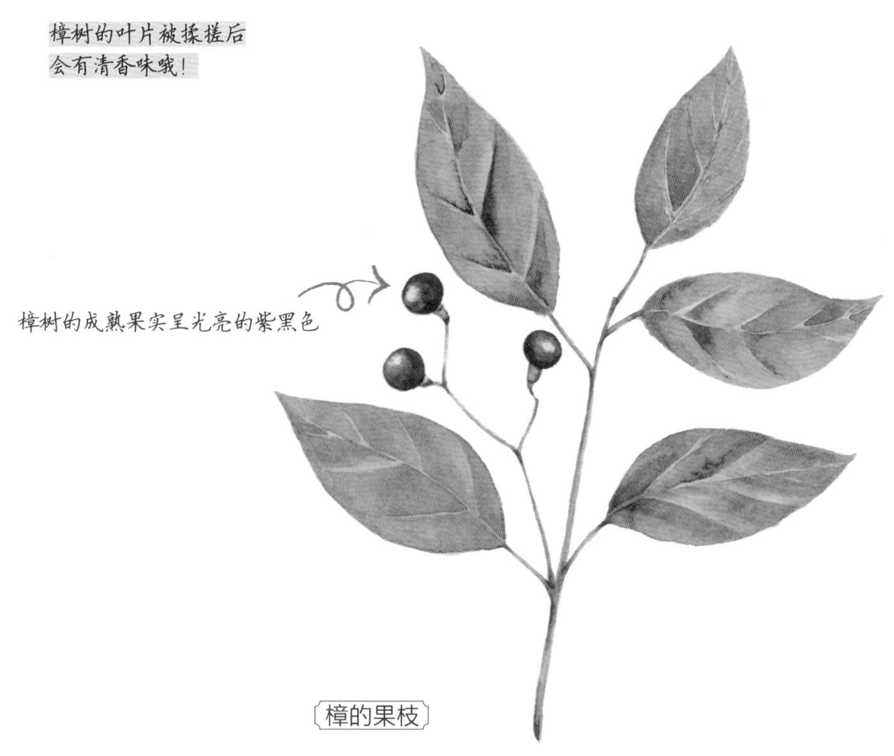

樟的果枝

然而，这种香气四溢的树叶，却是青凤蝶幼虫的美食。**青凤蝶**的翅面有着明显的青绿色透明斑块，在飞行时宛如一片飘落的玻璃糖纸，十分醒目。凤蝶科蝴蝶的后翅通常具有一对尾凸，犹如凤凰的尾羽，但青凤蝶却没有这个特征。而另一种与青凤蝶长相类似的**宽带青凤蝶**，后翅则具有明显的尾凸——这是两种蝴蝶的显著区别。

青凤蝶

青凤蝶的蛹和幼虫

宽带青凤蝶

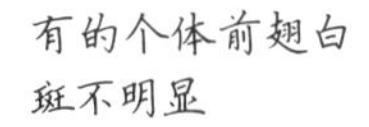

白带螯蛱蝶

除了青凤蝶，**白带螯蛱蝶**也常以樟树为家。这种大型蛱蝶，身体粗壮，飞行快速，喜爱在开阔的林缘和向阳处活动。它们对花朵不感兴趣，却钟爱吸食腐烂水果、动物尸体等——这也是许多蛱蝶的共性。尽管属于蛱蝶，它们的后翅上也有尾凸，但比凤蝶的尾凸短小很多。它们的前翅上带有明显的白斑，而有些个体的白色斑纹则不明显，更似黄褐色。

由于樟树不耐寒冷，主要分布在秦岭以南地区，所以这些以樟树叶为食的蝴蝶也只能在南方的城市中见到。

❸ 朴树 / 黑脉蛱蝶、猫蛱蝶、朴喙蝶

提及朴树，许多人脑海中首先浮现的或许是那位著名歌手，而对其作为植物的形象则相对陌生。**朴树**，尽管在我国各地均有广泛分布，且常见于园林绿化，其外观却颇为平凡。乍看之下，它与樟树有些相似，却缺乏樟树那独特的清新香气。在植物命名中，“朴”字读作 pò，古老的《诗经》中便提及此名：

“芃芃棫朴，薪之槱之。济济辟王，左右趣之。”

虽已无从考证当时“朴”是否确指今日之朴树，但以其高大伟岸之姿形容宽厚仁德的君王，倒也相得益彰。

朴树叶与樟树叶类似，都为卵形或椭圆形，但不如樟树叶那样光滑，并在叶缘中上部带有锯齿，叶基部常歪斜不对称。

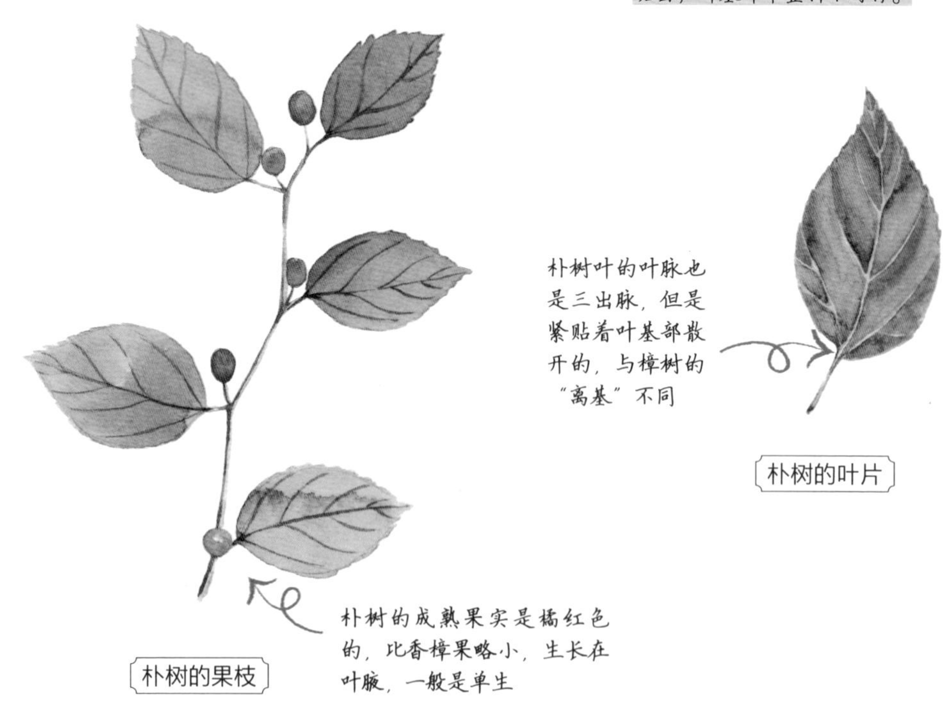

以朴树作为寄主的蝴蝶有**黑脉蛱蝶**，在我国由北至南都有分布。这种蝴蝶的幼虫有一种特殊的过冬习性——从朴树枝头转移到树干枝杈处及地面的枯叶中过冬，颜色也由黄绿色转为黄褐色。这个特性为它们在城市中生存带来了困难：城市的地面落叶被频繁清理，过冬的幼虫也难逃此劫。

黑脉蛱蝶的外貌多变，有的个体深色斑纹较多，后翅有红色斑点；而有的个体翅以白色为主，仅翅脉为黑色；还有一些个体的色彩介于这两者之间——这种现象被称为多型性。

若是不仔细看，会以为蛱蝶科的蝴蝶只有4条腿呢！其实，它们的前足只是退化了，并没有消失。

黑脉蛱蝶

黑脉蛱蝶的幼虫头上有“犄角”

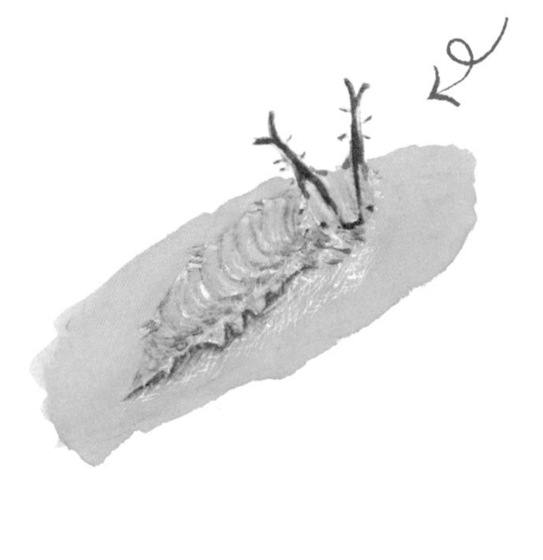

树干枝杈处准备过冬的四龄幼虫

形同树叶的蛹

黑脉蛱蝶的幼虫、蛹和成虫

猫蛱蝶

朴喙蝶

还有一些在山林中比较常见的蝴蝶。例如，**猫蛱蝶**——一种十分可爱的中小型蛱蝶，橘黄色的翅背上布满黑色斑点，犹如一些猫科动物身上的斑纹。它们栖息在林间，喜欢晒日光浴，通常在树上吸食树汁。

朴喙蝶的寄主也是朴树。成年朴喙蝶寿命较长，能以成虫形态度过冬季。然而，与前两者相比，朴喙蝶似乎更为低调神秘。它们体型小巧，色彩灰暗，不访花，飞行迅速。遇险时，它们会巧妙地躲藏于枯叶或树林中，与周围环境融为一体。但只要我们在山林间细心寻觅，便不难发现它们敏捷的身影。

④ 鹅掌楸 / 黎氏青凤蝶、宽尾青凤蝶

木兰科的古老孑遗植物——**鹅掌楸**，是我国南方常见的绿化和造林树种。然而，野生的它数量稀少，尤为珍贵，是我国二级重点保护植物。

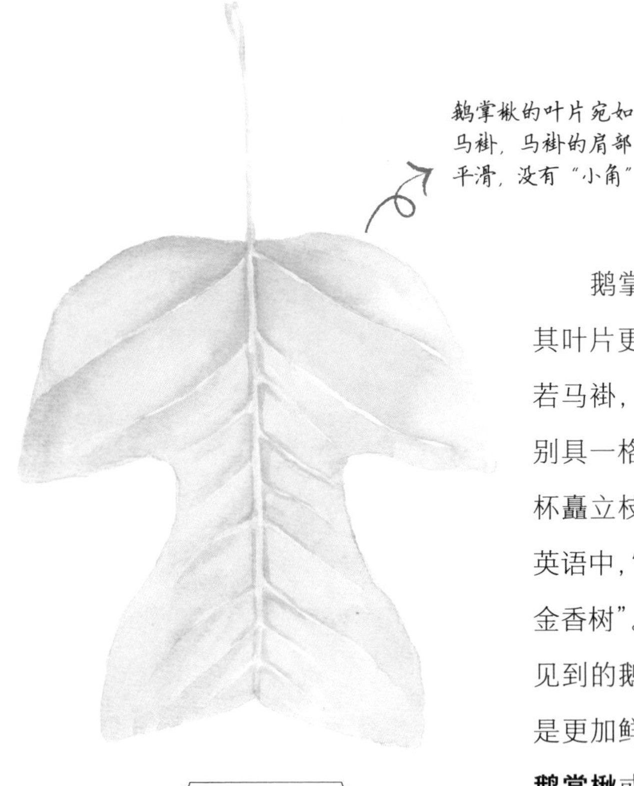

鹅掌楸的叶片

鹅掌楸的树形挺拔，树冠如盖，而其叶片更是独具特色，形状既似鹅掌又若马褂，因而又名马褂木。它的花朵也别具一格，远远望去仿佛一盏青翠的玉杯矗立枝头，花形与郁金香相仿，故在英语中，它被称为“Tulip Tree”，即“郁金香树”。但有趣的是，有时我们在街边见到的鹅掌楸，其花朵并非青绿色，而是更加鲜亮的橘黄色，这很可能是**北美鹅掌楸**或**杂交鹅掌楸**。这两者的叶片与鹅掌楸略有不同，它们的小马褂叶片上多了两个小角，为它们增添了几分独特。

木兰科的许多植物花瓣和花萼长得很像，很难区分，所以被统称为“花被”。

青翠色的“树上郁金香”，有6瓣花被片和3片花萼，花蕊是金黄色的

鹅掌楸的花

木兰科植物的果实大多为开裂的"蓇葖果"，例如常见的广玉兰和白玉兰的果实。而鹅掌楸的果实却是翅果。

鹅掌楸独特的翅果果序，一片片小翅膀螺旋排列在中轴上，风吹过的时候这些种子便会像螺旋桨一样凭借风力向远处传播

尚未开裂的白玉兰果实

成熟开裂的广玉兰果实，果皮从一侧裂开，露出鲜红色的种子

木兰科不同植物的果实

黎氏青凤蝶

碎斑青凤蝶

在南方城市中，**黎氏青凤蝶**是常见的蝴蝶，它的寄主便是鹅掌楸。而与之极为相似的**碎斑青凤蝶**，则选择了同为木兰科的广玉兰（**荷花木兰**）、白玉兰（**玉兰**）等作为它的寄主，这些树木同样是南方城市的绿化主力。

宽尾凤蝶

宽尾凤蝶的高龄幼虫有着大大的“脑袋”，上面还有硕大的眼睛斑纹，在遇到危险时，它们还会从脑袋前方伸出一个分叉的“触角”，好像一条微缩版的毒蛇

低龄幼虫伪装成鸟粪模样

宽尾凤蝶的幼虫

宽尾凤蝶也以鹅掌楸为寄主。这种凤蝶体型较大，拥有十分明显的宽大尾凸，其幼虫更是运用凤蝶科常见的“拟态”策略，巧妙地躲避天敌的追捕。除了鹅掌楸，宽尾凤蝶的寄主还包括樟科的**檫木**，这是南方重要的造林树种。值得一提的是，宽尾凤蝶是我国特有的珍稀蝴蝶，曾经广泛分布于我国多个省市，但如今已变得较为罕见，若想一睹其风采，或许只能去被保护得比较好的自然环境中碰运气了。

⑤ 榆树 / 白钩蛱蝶、迷蛱蝶

榆树是我国最常见的行道树之一，耐寒、耐旱、抗风、耐盐碱，在我国北方地区栽培十分普遍，在长江流域也有种植。榆树的叶片或许有些普通：椭圆形，边缘有锯齿。但它的果实你一定不会认错——一片片的圆形翅果簇生在枝头，宛如铜钱串，所以它们被称为榆钱。榆钱自古就是百姓餐桌上的美味，东汉年间的农事手册《四月民令》中写道："是月也，榆荚成，及青收，干以为旨蓄。色变白，将落，可收为榆酱……至冬以酿酒，滑香，宜养老。"如今，一些北方地区仍保留着于春夏之交采集鲜嫩榆钱和榆树叶制作美食的传统。

榆树的叶片和果实

白钩蛱蝶

迷蛱蝶

夜迷蛱蝶

榆树鲜美的嫩叶会引来一些蝴蝶幼虫享用，**白钩蛱蝶**就是其中之一。这是一种体型中等的蛱蝶，广泛分布于北方各地。钩蛱蝶名字中的“钩”，藏在蝴蝶的腹面：在后翅中部有白色的钩状斑纹。尽管白钩蛱蝶飞行迅速，身姿难以被眼睛捕捉，但其橙褐色的蝶翅背面在飞行时却异常显眼。

在秦岭以南地区，**迷蛱蝶**的蝴蝶幼虫同样以榆树叶为食。这种蝴蝶的翅腹面是独特的银白色，背面则为黑底白斑，雄蝶的颜色更为深邃，阳光下甚至能闪耀出蓝色的光泽。它们的幼虫堪称伪装高手，春夏季节身披翠绿色，与榆树叶融为一体；而到了秋冬季节，则变为红褐色，与秋叶无异。这些幼虫还会巧妙地用丝把树叶固定在枝头，将自己裹在枯叶中过冬，待到来年春天榆树发芽，又变回青绿色，继续啃食树叶。

另外还有一种与迷蛱蝶极为相似的**夜迷蛱蝶**，生活在更为寒冷的北方地区。尽管两者外观相似，但最明显的区别在于夜迷蛱蝶的腹面并不呈现银白色，这为观察者提供了一个简单的区分方法。

❻ 合欢 / 北黄粉蝶、二尾蛱蝶、丫灰蝶

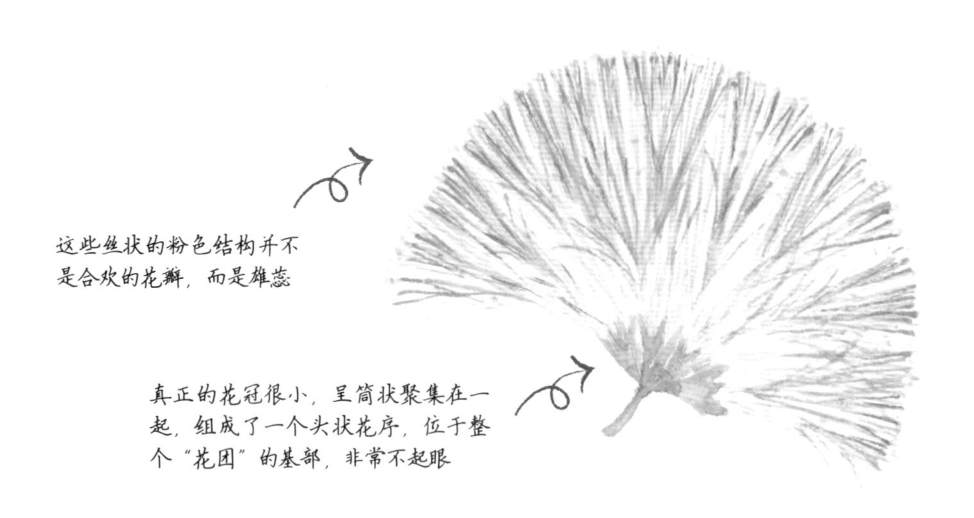

合欢的果实是荚果，彰显了豆科身份

合欢的花和果

合欢以其秀美的名字和清雅的气质受到广泛喜爱。其叶片是独特的“二回羽状复叶”，在夜晚闭合下垂，如同美人入眠，两两相对，充满了浪漫与和谐的气息。合欢花更是柔美至极，宛如一团毛茸茸的粉球，远观如粉色烟雾，让人陶醉。这种温柔浪漫的形象，使得合欢花自古以来就深受文人墨客的喜爱，并常被用来寄托和谐美满的爱情祝福。

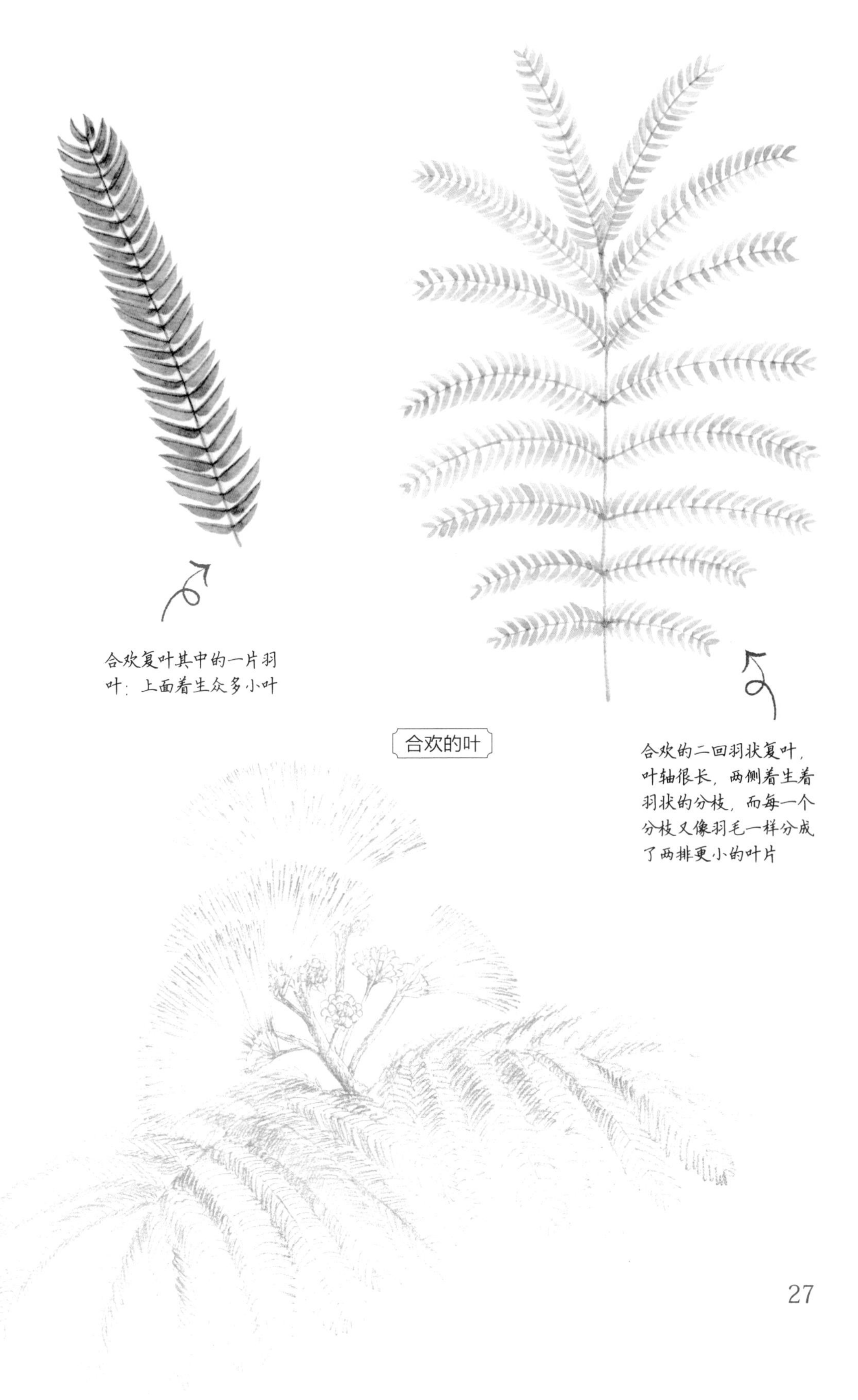
合欢复叶其中的一片羽
叶：上面着生众多小叶
合欢的叶
合欢的二回羽状复叶，
叶轴很长，两侧着生着
羽状的分枝，而每一个
分枝又像羽毛一样分成
了两排更小的叶片

北黄粉蝶是一种极为常见的粉蝶，它们色彩明艳，经常出没于城市公园或乡间小路，以合欢等豆科植物作为寄主。另外还有一种与北黄粉蝶极为相似且常见的蝴蝶——**宽边黄粉蝶**，则更偏爱豆科的田菁。这些蝴蝶习性上的细微差别，有待读者们深入观察探索，或许，你还能发现一些未载于文献的“隐秘”习性。

它们的区别肉眼难辨，要通过解剖或基因检测才能严格区分。

北黄粉蝶

二尾蛱蝶，这种美丽的蝴蝶也以合欢属的植物作为寄主，尤其是山合欢（**山槐**）更是它们的最爱。二尾蛱蝶的特征鲜明，后翅有两对尾凸，幼虫头部有四个凸起的角，非常容易辨认。与很多蛱蝶一样，二尾蛱蝶成虫爱吸食腐烂植物的汁液，因此在花丛中并不容易见到它们的身影。

宽边黄粉蝶

二尾蛱蝶

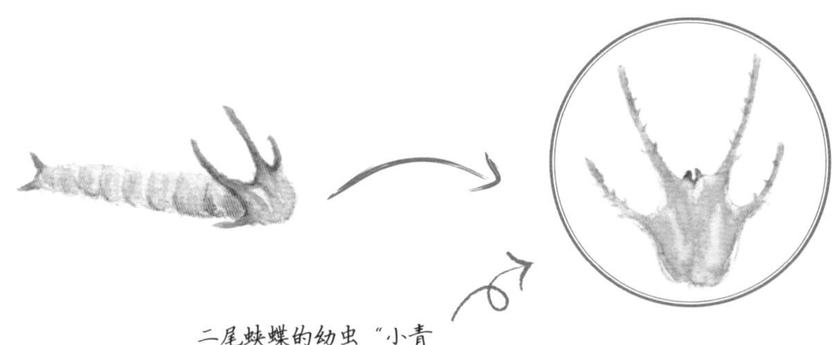

二尾蛱蝶的卵和幼虫

此外，**丫灰蝶**也是合欢树周围的常客。它们的体型在灰蝶中算是较大的，后翅腹面有一个明显的“丫”字标识，这使得它们非常容易辨认。然而，丫灰蝶的成虫只在春季出现，这是因为它们一年只繁育一代，幼虫在春天化蛹，经历整个冬季到第二年春天才羽化。

丫灰蝶

丫灰蝶（腹面）

❼ 榕树 / 网丝蛱蝶、异型紫斑蝶、幻紫斑蝶

榕属植物是热带地区常见的绿化树种。它们的枝叶浓密、树冠宽阔，为炎热的夏日带来了清凉的树荫。尤其是**榕树**，以“独木成林”的特点而被人们熟知。其气生根从枝干垂落，一旦入土便能生长成新的枝干，展现出强大的生命力。在南方湿热的环境下，这些气生根增强了树体对水分的吸收。榕树同时也具有强大的地下根系，交错盘缠，具有侵略性，有的甚至会延伸至土层表面，对道路的铺装造成破坏。

榕树的果实，犹如小型的无花果

我们吃的无花果就是榕属植物，看它与榕树的果实是不是很像！

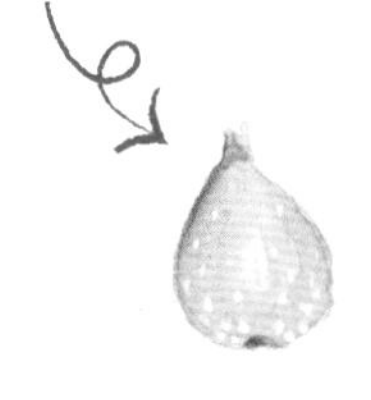

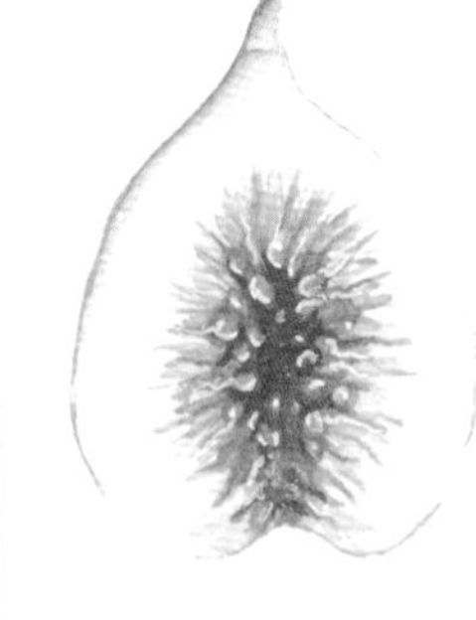

榕树光亮革质的树叶，摸上去很厚实

无花果并不是没有花，只是它的花隐藏在果实的内部——香甜美味的小颗粒就是它的小花。这种特殊结构称为隐头花序，果实底部的小孔是留给昆虫给花授粉的通道。

榕树的叶和果实

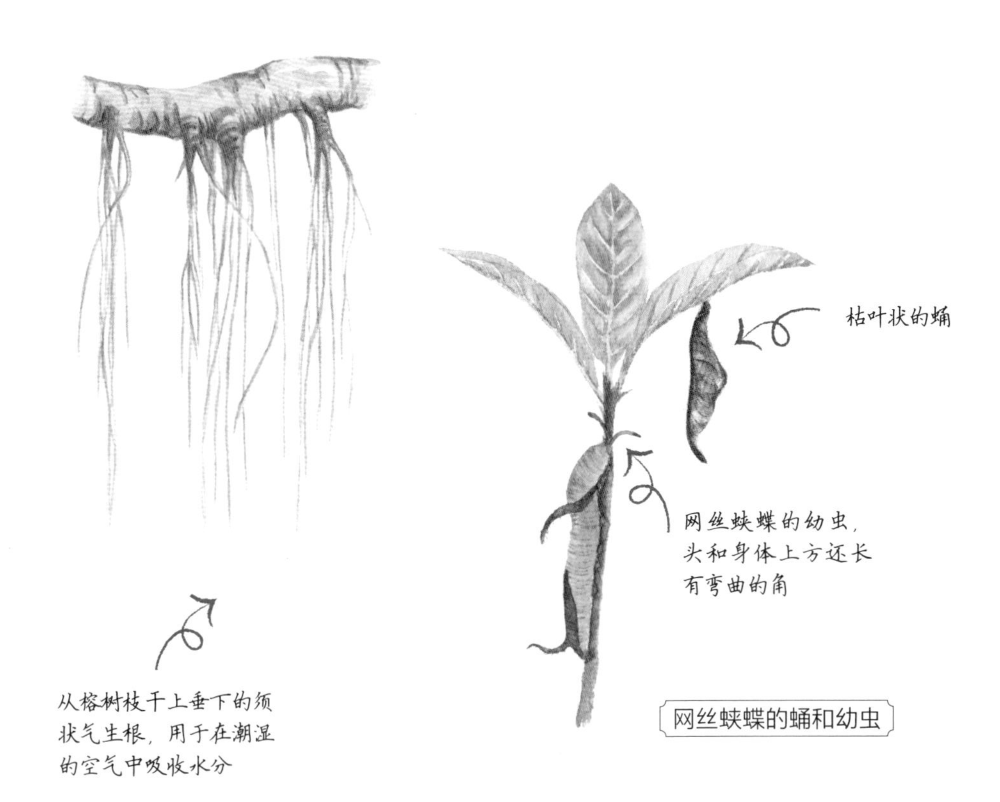

网丝蛱蝶的蛹和幼虫

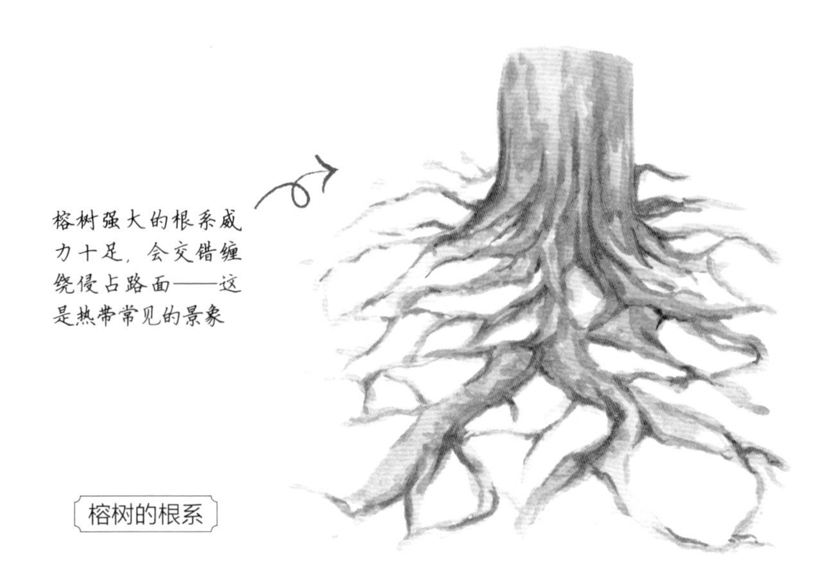

榕树的根系

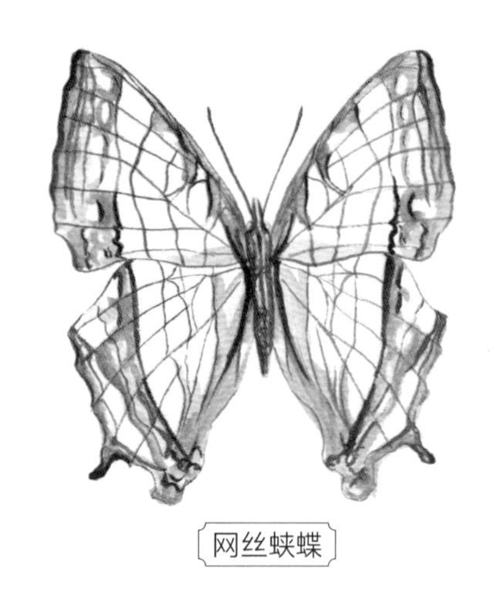
网丝蛱蝶

网丝蛱蝶是一种以榕属植物为食的蝴蝶，在温暖的环境下，全年都可以见到它们的身影，而夏天最盛。它们的翅面洁白，上面分布着黑色的细纹，与翅脉交织成复杂的网状图案。当它们停歇在石块上时，翅膀平摊开来，网状细纹犹如石块上的裂缝，使蝴蝶与周围环境融为一体。网丝蛱蝶不仅访花，也会吸食腐汁补充营养，雄蝶还会集群在潮湿的地面上吸水。

除了网丝蛱蝶外，还有一些紫斑蝶属的蝴蝶也以榕属植物为寄主，例如**异型紫斑蝶**和**幻紫斑蝶**。它们也是在温暖地区全年都可以见到的蝶种，在冬季会群集越冬。这些蝴蝶性情温和、飞行缓慢、喜欢访花，非常适合观察。紫斑蝶属的蝴蝶外形大多相似：颜色为深褐色或黑色，翅上散布着白点，翅背则带有蓝紫色的金属光泽，美丽而神秘。这种蝴蝶之间互相模仿的拟态行为是一种生存策略：由于这类蝴蝶大多带有毒性，不是天敌们的首选美味，因此互相模仿能够降低种群整体被捕食的风险。虽然相似，仍有区别，比如：异型紫斑蝶的蓝紫色斑纹尤其明显，而幻紫斑蝶的紫色往往只能隐约看出。它们的幼虫也有共同的特征：颜色鲜明醒目，长有细长的肉棘——这是对于天敌的警戒。

异型紫斑蝶

幻紫斑蝶

异型紫斑蝶的幼虫

❽ 橡树 / 黄帅蛱蝶、黄灰蝶

很多人对橡树的印象，都来自舒婷那首脍炙人口的诗作《致橡树》。它在这首诗中象征着坚韧与力量。实际上，橡树是对壳斗科中许多树种的泛称，如**栎属**和**青冈属**的植物。相比之下，橡树的果实——橡果，更广为人知，这是一种“戴着帽子”、造型可爱的坚果，在许多动画作品和童话故事中常有出现。橡树的叶片也十分有趣，它们的叶缘呈波浪形或者有尖锯齿，令人一眼就能认出它们属于壳斗科这个大家族。这些奇特的果实和叶片常成为小朋友们郊游时最喜欢收藏的宝藏。

麻栎　　白栎　　槲栎

在欧洲和美洲，橡树常被作为孤植的大树种在草坪上，其高大的树形、伸展的树冠为园林景观增添了古雅壮丽的气息。在我国，橡树资源同样丰富，但多数生长在山谷林间，以原始姿态自由生长，被开发为园艺品种的较少。随着城市园林建设的不断发展，未来我们也许能看到更多橡树被应用于城市绿化中。

仔细观察这些“橡树叶”的边缘和“橡子”的形状，能找出它们之间的相似点与区别吗？

壳斗科植物还是一些蝴蝶的重要寄主植物，如帅蛱蝶属（比如**黄帅蛱蝶**）、翠蛱蝶属的蝴蝶以及一些灰蝶（比如**黄灰蝶**）。这些蝴蝶多为森林性蝶类，喜欢在阳光充足的山谷或溪流岸边活动。因此，在野外郊游时，我们有机会观察到这些美丽的蝴蝶。

黄帅蛱蝶

黄灰蝶

别有洞天的园林

各种各样的观赏植物

美丽的花朵

奇特的叶片

优美的造型

为城市增添色彩

❶ 竹 / 眼蝶类、箭环蝶

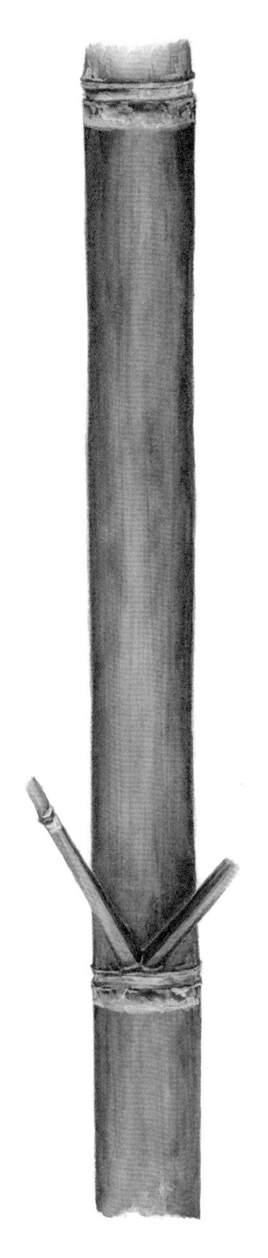

竹，自古以来便是深受人们喜爱的植物，不仅常见于城市公园与住宅小区，更被众多文人墨客赞美于诗词与绘画之中。苏东坡曾言：“可使食无肉，不可居无竹。”这展现出竹在古人心中的特殊地位。人们因为竹独特的形态特征而赋予了它深远的精神意义：笔直的身姿和中空的茎秆象征着刚正不阿和虚心上进的美好品质。

竹子可以长得又高又粗，但内部却是中空的。它们可不是“树”哦

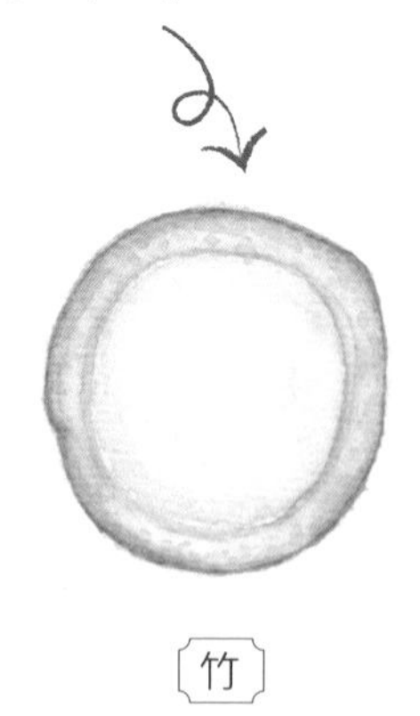

竹

这是淡竹，一种比较常见的竹子。每种竹子之间的区别可能非常细微。

实际上，我们所说的竹，包括一大类植物，它们属于禾本科竹亚科。说到禾本科，我们熟悉的很多“草”都属于这个庞大的家族。而竹，这些茎秆坚硬如木的植物，竟然也属于这个家族。与树不同，竹的茎秆无法逐年增粗，却能迅速向上生长，形成参天之势。竹依靠地下茎繁殖，因此常成片生长，形成一片片翠绿的竹林。有趣的是，许多竹与禾本科的草一样，一生只开一次花、结一次籽，开花以后，生命终结。且开花现象具有同步性，常常整片竹林一同凋零。目前竹子开花的规律仍待人们深入探究。

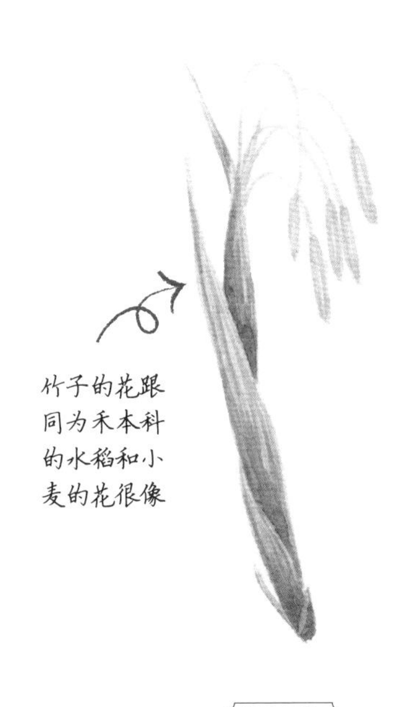

竹的花

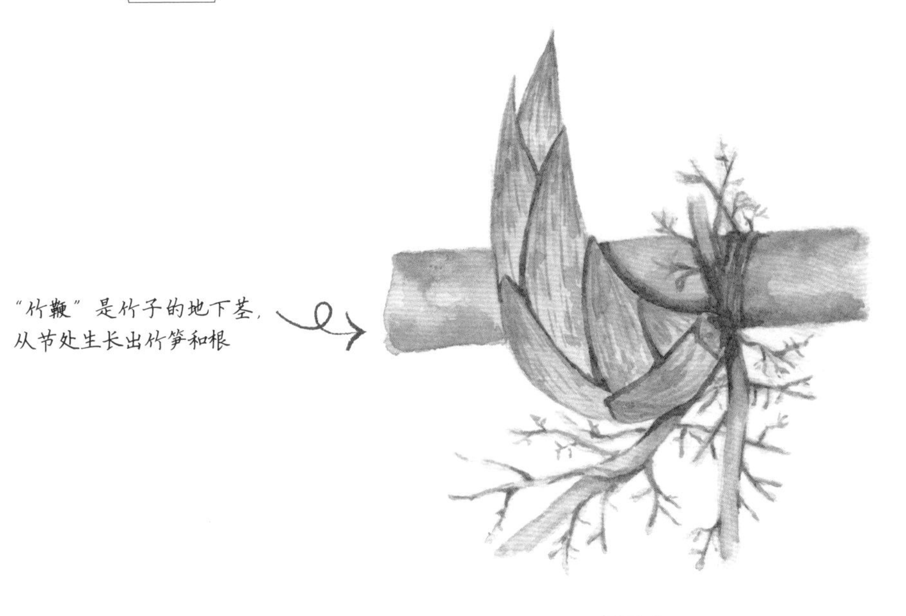

竹鞭

在竹林中，生活着一些眼蝶，它们属于蛱蝶科眼蝶亚科。这些眼蝶大多体型中等、颜色灰暗，但在翅膀上装饰着漂亮的眼形圆斑，如**蒙链荫眼蝶**、**白带黛眼蝶**等。它们喜欢在阴暗的林间活动，行为低调而隐秘。

同样以竹为寄主的还有**箭环蝶**，这是一种大型蛱蝶。箭环蝶的卵常聚积产于竹叶背面，幼虫有群居习性。在四川、云南等地的山区中，曾经还出现过大暴发的现象——幼虫和蛹随处可见、成虫漫山遍野飞行。然而，随着栖息地的减少和生态环境的恶化，箭环蝶的数量已大幅减少，现已成为珍稀的蝶种。

蒙链荫眼蝶

蒙链荫眼蝶（腹面）

白带黛眼蝶

白带黛眼蝶（腹面）

曲纹黛眼蝶

曲纹黛眼蝶（腹面）

连纹黛眼蝶

连纹黛眼蝶（腹面）

长纹黛眼蝶

长纹黛眼蝶（腹面）

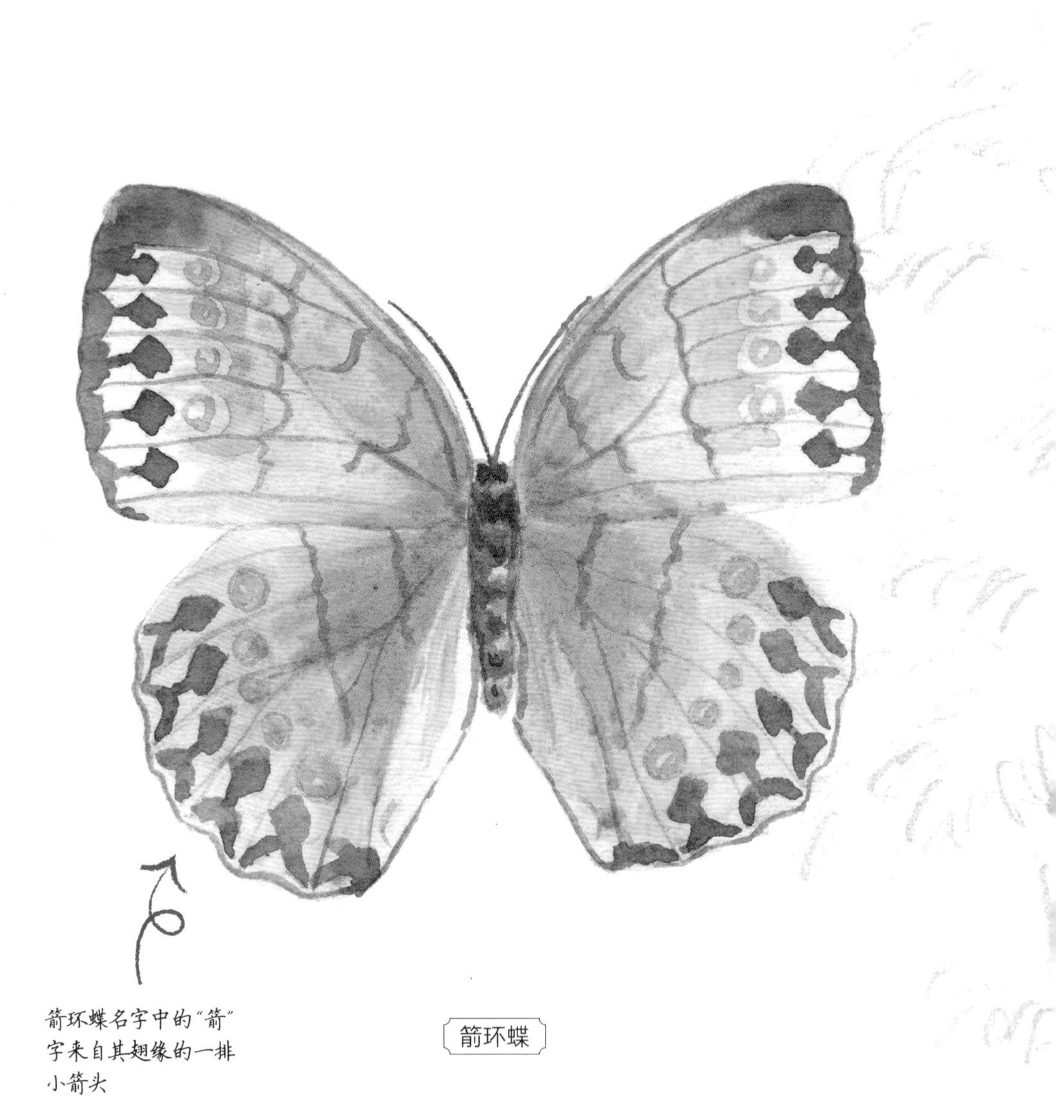

箭环蝶名字中的“箭”字来自其翅缘的一排小箭头

箭环蝶

箭环蝶（腹面）

雌箭环蝶一次能产卵上百粒。刚孵化的幼虫会成群结队地取食竹叶，但随着幼虫逐渐长大，食量增加，它们便开始分散，各自寻找食物。

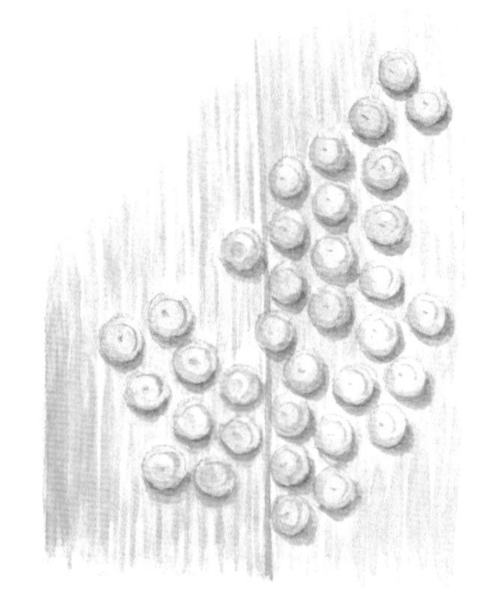

箭环蝶的卵

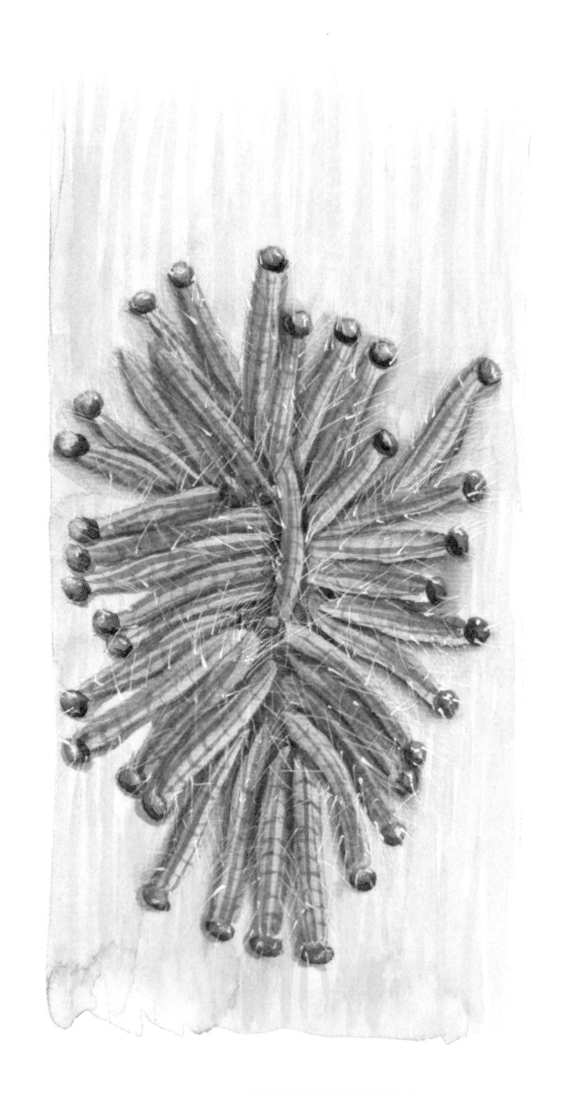

箭环蝶的幼虫

❷ 紫藤 / 尖翅银灰蝶、大洒灰蝶、琉璃灰蝶

中学课文《紫藤萝瀑布》，描绘了紫藤花开时候的美妙场景，令人印象深刻。李白有诗："紫藤挂云木，花蔓宜阳春。"**紫藤**自古就作为庭院棚架植物用于观赏。城市公园里常将紫藤种植在廊架两侧，藤条密密地覆盖在廊架顶，夏季的时候，人们纷纷摇着蒲扇坐在藤下纳凉。

紫藤花开司空见惯，而它的果实可能没有太多人留心过。作为一种豆科植物，紫藤花是蝶形花，果实当然也是豆荚。大大的荚果长度达 10 厘米以上，毛茸茸的，并且成熟后不脱落。因此在紫藤花落后，也能轻松识别它们。

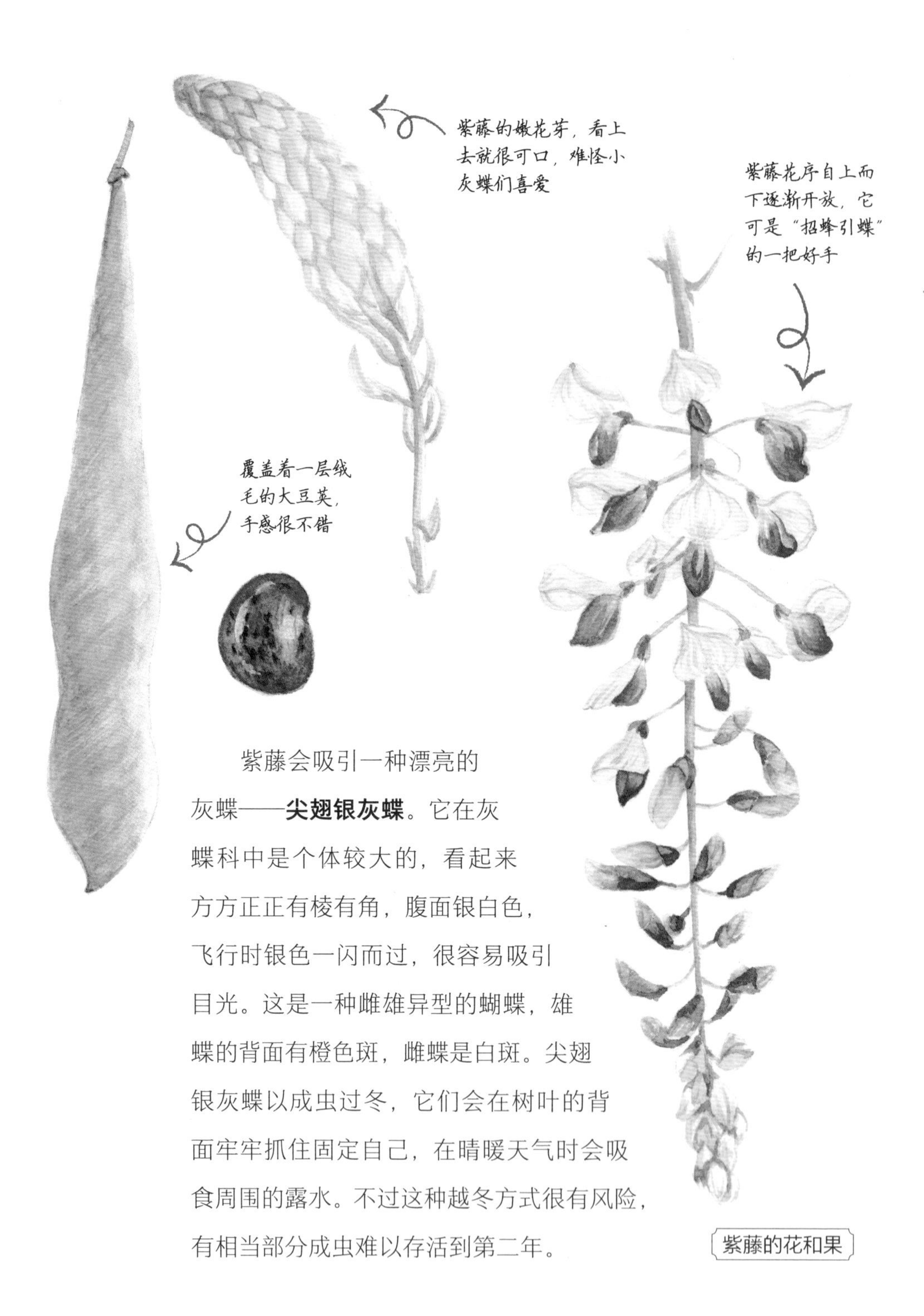

紫藤会吸引一种漂亮的灰蝶——**尖翅银灰蝶**。它在灰蝶科中是个体较大的，看起来方方正正有棱有角，腹面银白色，飞行时银色一闪而过，很容易吸引目光。这是一种雌雄异型的蝴蝶，雄蝶的背面有橙色斑，雌蝶是白斑。尖翅银灰蝶以成虫过冬，它们会在树叶的背面牢牢抓住固定自己，在晴暖天气时会吸食周围的露水。不过这种越冬方式很有风险，有相当部分成虫难以存活到第二年。

紫藤的花和果

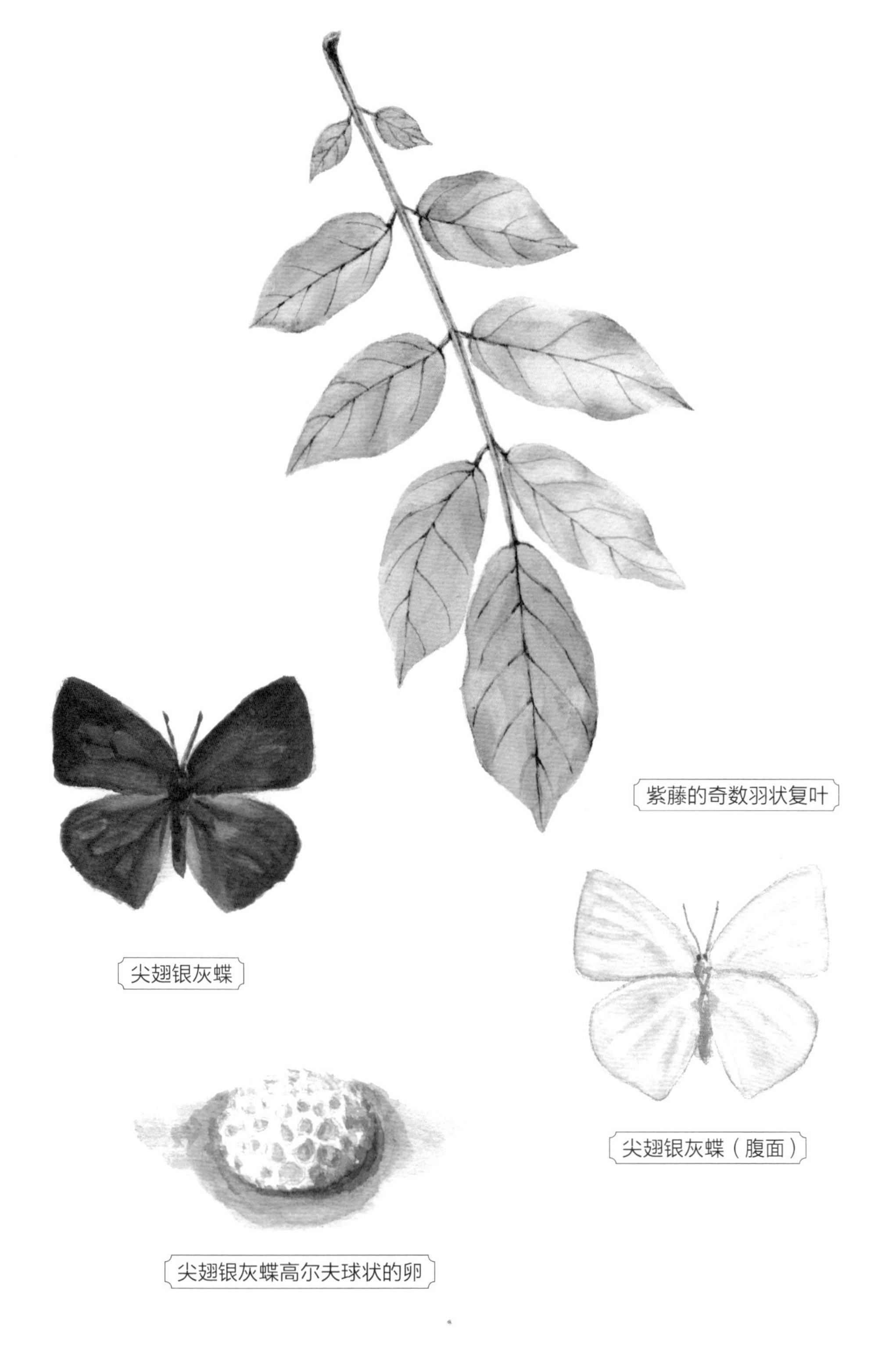

紫藤的奇数羽状复叶

尖翅银灰蝶

尖翅银灰蝶（腹面）

尖翅银灰蝶高尔夫球状的卵

此外还有一些灰蝶也以紫藤等豆科植物为寄主，例如**大洒灰蝶**，它的颜色是灰黑色的，体型也比较大，飞行起来显得有些笨重。还有更为常见的**琉璃灰蝶**，翅背面带着蓝色，腹面是极浅的灰白色，经常能见到它们成群飞舞。

大洒灰蝶

大洒灰蝶（腹面）

灰蝶的幼虫喜欢吃植物的花和嫩芽，然而，这些植物的幼嫩部位也受到蚜虫和蚂蚁的喜爱，因此幼虫们常常面临被捕食的风险。为了应对这一情况，幼虫们进化出了一个奇特的腺体：喜蚁器。尖翅银灰蝶幼虫的喜蚁器尤其发达：它们的尾部高高竖起两根柱子，受到刺激时会分泌一些蚂蚁喜爱的化学物质，从而“化敌为友”。

琉璃灰蝶

读者朋友们在紫藤架下乘凉时，不妨留心观察，或许你会发现这些灰蝶幼虫在嫩芽上大快朵颐的身影。

琉璃灰蝶（腹面）

幼虫伸出了喜蚁器，招引来蚂蚁

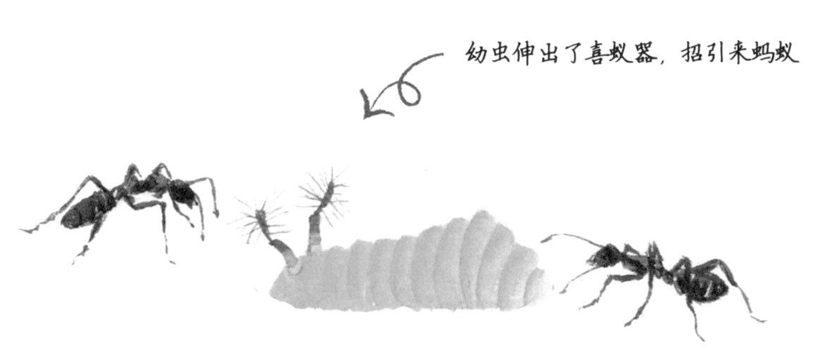

琉璃灰蝶的幼虫

❸ 苏铁 / 曲纹紫灰蝶

长江以南的读者一定对**苏铁**这种植物不陌生，即使是北方的朋友在形容十分罕见或难得的事情时，往往也会想到“铁树开花”这个成语。苏铁，又称铁树，是一种常见的观赏植物，性喜温暖，无法在北方寒冷的冬季存活，所以北方不太常见，更不用说开花了。但是在温暖的地方，树龄超过十年的成熟苏铁是可以每年开花结实的。

这是苏铁植株的样子，在园林中很常见。长长的羽状叶片可达1米多，上面密生裂片100对以上

苏铁

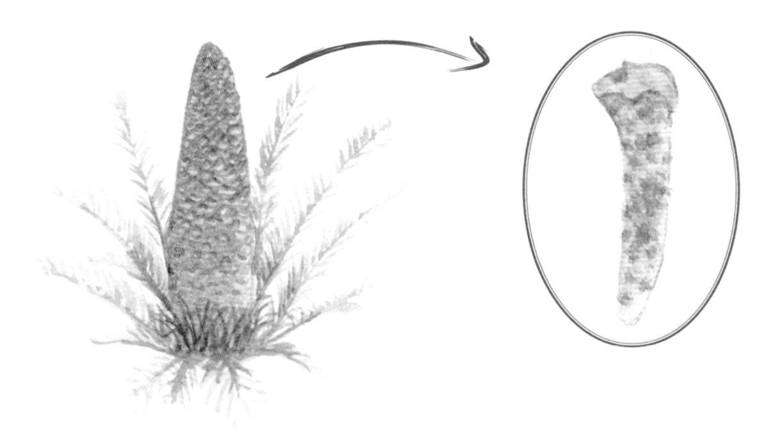

苏铁的雄球花

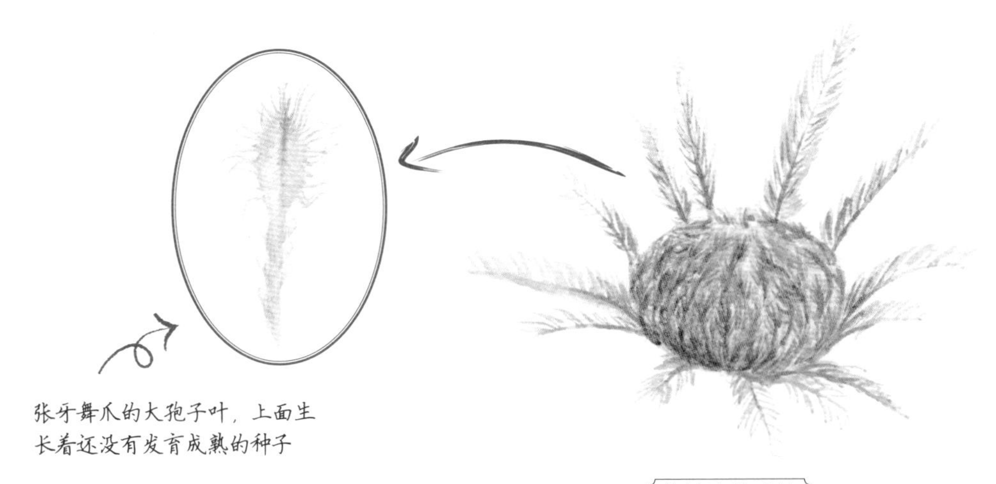

苏铁的雌球花

曲纹紫灰蝶

曲纹紫灰蝶（腹面）

不过，苏铁开花并不如想象中美丽。作为一种古老的裸子植物，苏铁的“花”其实并非真正的花，而是由孢子叶聚合而成的孢子叶球。苏铁分雌雄，雌性苏铁的孢子叶球如同层叠的片状触手，而雄性的则像一个柱形的尖塔。尽管花朵不够艳丽，但苏铁的种子却有着鲜红色的种皮，嵌在雌花球中，令人过目难忘。

作为园林植物，苏铁最引人注目的还是它深绿油亮的叶片。这些羽状复叶螺旋排列在树干上，整体造型对称端庄，给人一种独特的美感。然而，美丽的背后却隐藏着危险。苏铁的叶片又尖又硬，如果不小心被扎中，定会疼痛难忍。不仅如此，苏铁全株都有毒，误食会引起多种中毒反应。因此大家在观察苏铁时，一定要格外小心，避免触碰或误食。

苏铁叶片有毒且坚硬，但幼嫩的叶片却可成为**曲纹紫灰蝶**幼虫的美食。随着苏铁被许多北方城市作为盆栽引进，曲纹紫灰蝶也被带到了这些地区。可惜由于北方冬季寒冷，曲纹紫灰蝶无法在北方越冬。

苏铁叶上的曲纹紫灰蝶幼虫

❹ 多肉植物 / 点玄灰蝶、玄灰蝶

多肉植物可以算是家庭园艺中的明星了。它们凭借肉嘟嘟的叶片和胖乎乎的造型，以及丰富多样的颜色形态，赢得了众多植物爱好者的喜爱。尤其对于那些自称“手残党”的朋友们来说，多肉植物更是他们的心头好，因为只需偶尔的照料，它们便能茁壮成长。

长在房顶的瓦松，是标准的“多肉”模样

瓦松

长药八宝

我们所说的多肉植物包含了几乎所有具有肥厚叶片的植物们，它们的身影遍布世界各地，但其中大多数种类更倾向于在干旱炎热的环境中生长。这背后其实隐藏着多肉植物独特的生存智慧。与众多白天进行光合作用的植物不同，多肉植物是实打实的“夜猫子”。白天，它们的叶片气孔是关闭的，与外界的气体交换十分有限。当夜幕降临，这些气孔便开始活跃起来，吸收二氧化碳，并将其以苹果酸的形式储存在叶片细胞的液泡中。待到白天光照充足时，气孔再次关闭，而前一天晚上储存的二氧化碳便会被运输到细胞的叶绿体中，参与光合作用。这是多肉植物为了应对高温干旱环境而进化出的生存策略：白天气温较高时，通过紧闭气孔来减少水分的流失；而在夜晚，则利用低温时段囤积光合作用的原料。

垂盆草

而在多肉植物的大家庭中，景天科植物无疑是一个重要的类群，前面介绍的代谢方式也是以这类植物命名的，叫作景天酸代谢途径。景天科植物通常植株矮小、耗水量少、无性繁殖能力强，除了用于家庭盆栽，也非常适宜作为园林地被和屋顶绿化。花坛里常能见到**垂盆草**、**长药八宝**等景天科植物，在一些老房子的屋顶上，还有自然生长的**瓦松**。这些植物是**点玄灰蝶**和**玄灰蝶**的寄主。它们的幼虫会潜在厚厚的叶片里面啃食叶肉，形成透明的斑痕。如果你对这些小家伙充满好奇，不妨试着将盆栽多肉放在露天阳台上，看看是否能迎来一段美妙的邂逅。

点玄灰蝶

点玄灰蝶（腹面）

玄灰蝶

玄灰蝶（腹面）

啃食多肉叶片的灰蝶幼虫

❺ 忍冬科植物 / 残锷线蛱蝶、扬眉线蛱蝶、尼采梳灰蝶

忍冬，这个富有生命力的名字，恰如其分地描绘了这种植物的顽强与适应性。它耐旱、耐寒、耐阴，能够适应各种生长环境。人们喜欢在庭院的围栏上种植这种讨喜的攀缘植物。夏秋季节，藤蔓上开出一丛丛金色和白色的花朵，散发出阵阵幽香。将花蕾晒干泡茶，还具有清凉去火的功效。正是因为忍冬能同时开出白色和黄色的花朵，所以它还有一个更常用的名字——金银花。

忍冬，也叫金银花，花朵由绿变白再变黄，香气扑鼻

忍冬

忍冬科植物成双成对开出的花朵，会结出成双成对的果实。

忍冬的果实

金银忍冬是忍冬科的另一种灌木，与金银花可不是同一种植物哦！果实看起来诱人，却不能食用

郁香忍冬两个果实的基部粘连，形成了独特的形状，并且味甜可食

郁香忍冬的果实

金银忍冬的果实

许多忍冬科植物的花朵都有一种奇妙的变色现象。例如忍冬，每一朵花在还是花蕾的时候为绿色，刚刚开放时呈白色，而开放的后期再变为黄色。这是由于花瓣细胞内的色素组成发生了变化：未开放的花蕾中含有叶绿素呈现淡绿色，开放时叶绿素退去，呈现白色，开花后期类胡萝卜素含量上升，使花瓣呈现黄色。此外，忍冬科植物的花通常是成双成对生长的——在同一个花梗上会开出两朵小花。花朵凋谢后，果实也成双成对地挂在枝头，煞是可爱。

忍冬科植物为几种线蛱蝶提供了寄主，包括**残锷线蛱蝶**、**扬眉线蛱蝶**等，通常这类蝴蝶喜欢在山林中生活。**尼采梳灰蝶**也以忍冬作为寄主。它们一年只发生一代，在早春的花丛周围，能见到它们访花的身影，背面闪光的金属蓝色很是惊艳。在忍冬的叶片间，我们还能发现它们的卵和蛹，特别是那黑色的葫芦形蛹，静静地趴在植物上，度过漫长的秋冬季节，等待着春天的唤醒。

残锷线蛱蝶

扬眉线蛱蝶

尼采梳灰蝶

尼采梳灰蝶（腹面）

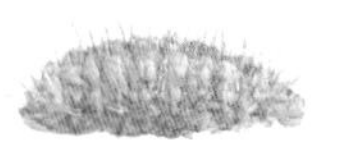

尼采梳灰蝶的幼虫

尼采梳灰蝶的蛹

❻ 马利筋、萝藦 / 金斑蝶、虎斑蝶

在南方城市的花圃庭院里常能见到一种漂亮的园艺植物——**马利筋**。这是一种多年生的直立草本，能生长至1米高，开出红黄撞色的精致花朵，且花期很长，几乎常年盛开，深受蝴蝶、蜜蜂的喜爱。

马利筋原产于南美洲，作为观赏植物被引入国内。而在中国有一种原生植物，是它的亲戚，同属萝藦亚科的**萝藦**——一种城市中常见的杂草。它们有着共同的特点：副花冠结构、蓇葖果、种子冠毛、白色乳汁等。

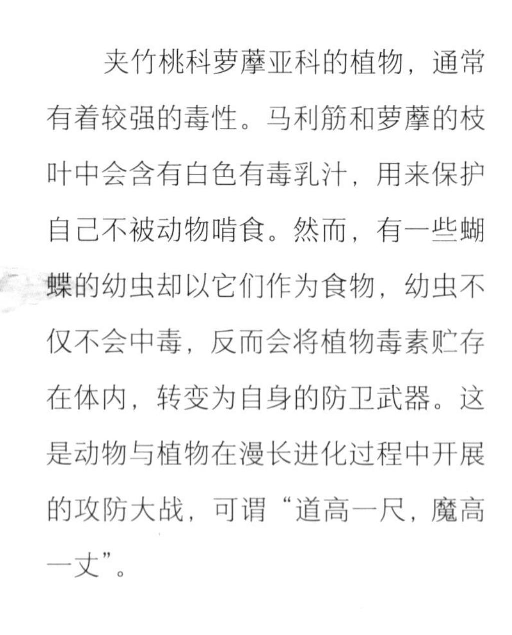

夹竹桃科萝藦亚科的植物，通常有着较强的毒性。马利筋和萝藦的枝叶中会含有白色有毒乳汁，用来保护自己不被动物啃食。然而，有一些蝴蝶的幼虫却以它们作为食物，幼虫不仅不会中毒，反而会将植物毒素贮存在体内，转变为自身的防卫武器。这是动物与植物在漫长进化过程中开展的攻防大战，可谓“道高一尺，魔高一丈”。

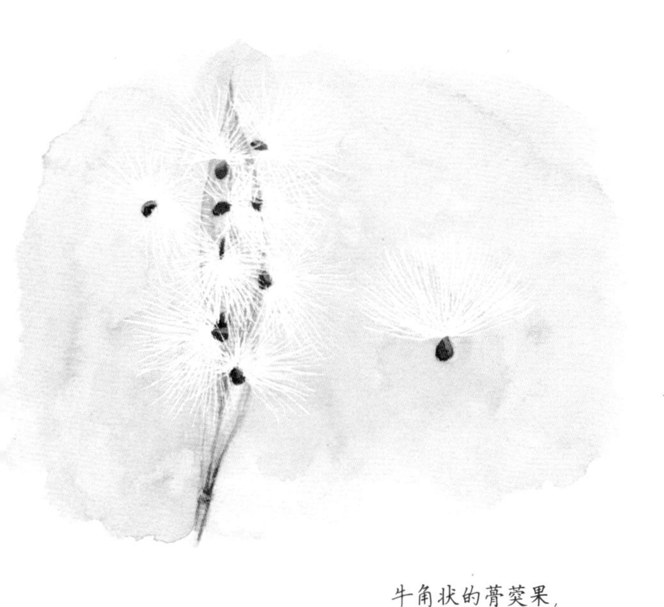

种子顶端有冠毛，会带着种子随风飞翔

牛角状的蓇葖果，成熟后会开裂

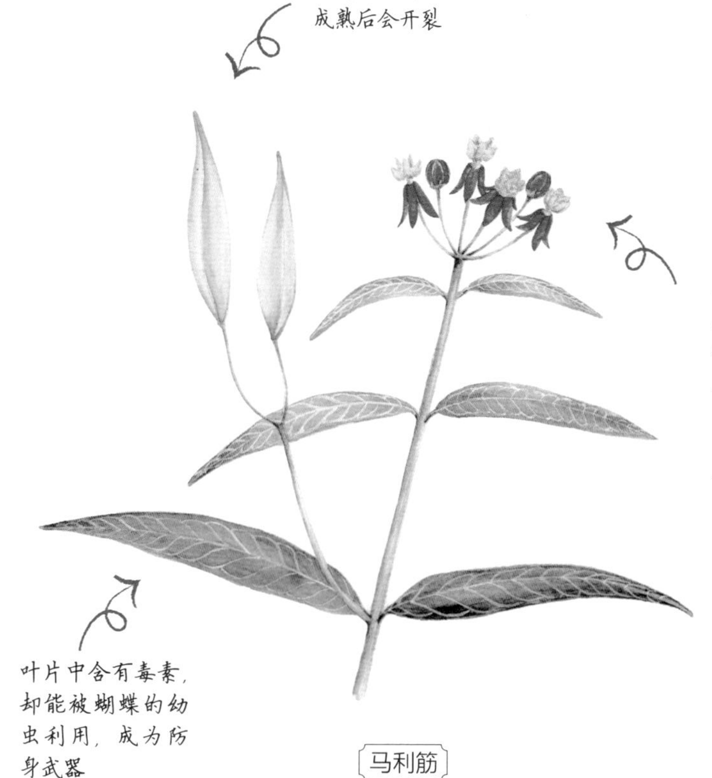

马利筋的花朵是聚伞花序，由中心向外开放。精巧的花冠分为上下两层：下层是分为5瓣的大红色反折花冠，上层围聚着5瓣金黄色匙形的副花冠

叶片中含有毒素，却能被蝴蝶的幼虫利用，成为防身武器

马利筋

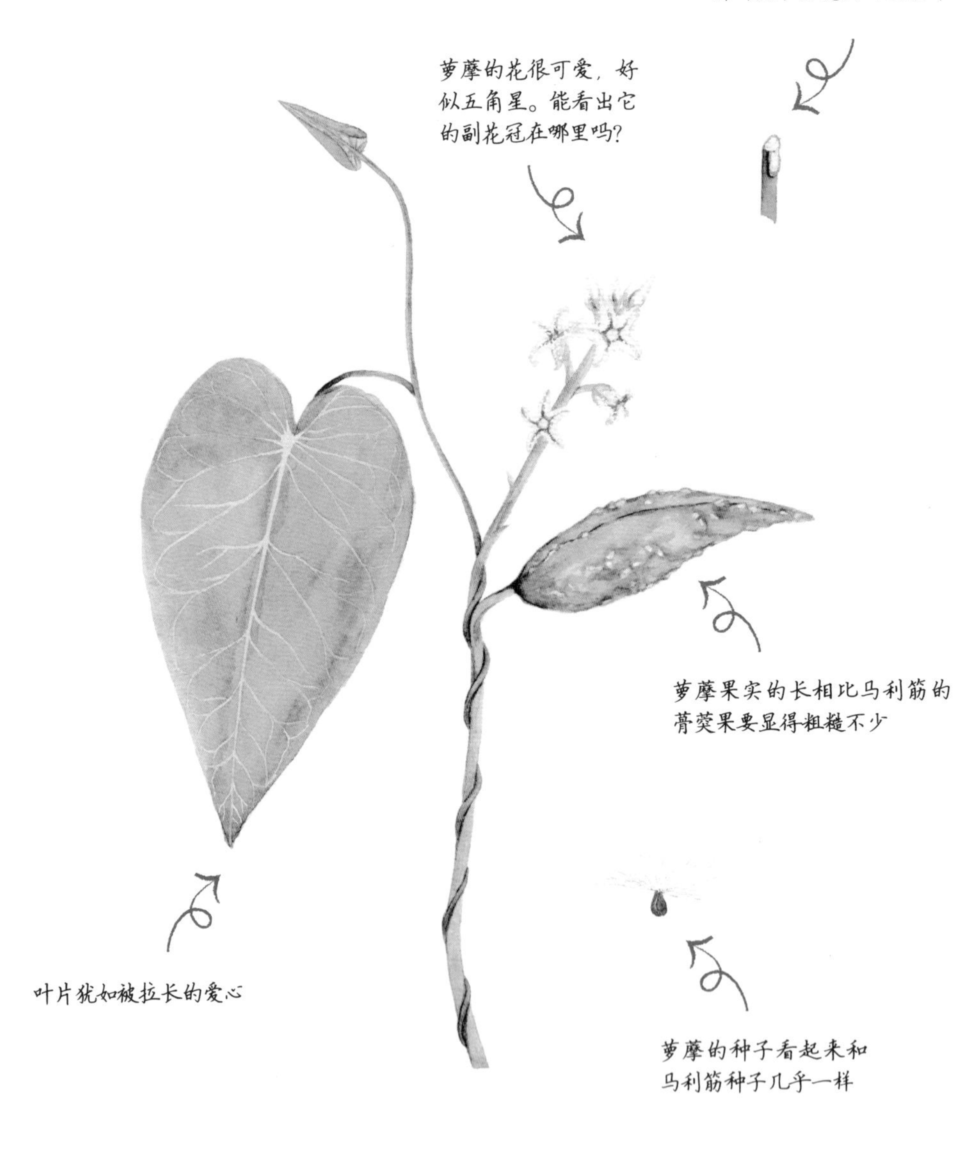
折断枝干会流出白色乳汁
萝藦的花很可爱，好似五角星。能看出它的副花冠在哪里吗?
萝藦果实的长相比马利筋的蓇葖果要显得粗糙不少
叶片犹如被拉长的爱心
萝藦的种子看起来和马利筋种子几乎一样

萝藦

金斑蝶

虎斑蝶

金斑蝶的幼虫

金斑蝶的蛹

金斑蝶和**虎斑蝶**便以这些有毒植物作为寄主。这两种蝴蝶喜欢访花、飞行缓慢，在南方城市中比较常见。二者的外形颇为相似：成虫翅色艳丽橙红，其上点缀白斑；幼虫色彩鲜明，肉刺细长，以此警戒天敌；而蛹则翠绿如玉，镶嵌银色条带，宛如一块精美的宝石。

第三章

野生环境

精心管护的公园绿地虽然繁花似锦，但我们身边那些常被忽视的野生环境中，同样孕育着丰富的植物种类。例如，管理粗放的草坪上，每到春天都会开出各种各样的野花；房前屋后的栅栏上攀缘着一些看似杂乱的爬藤植物；路边墙根、池塘沟渠的角落，生长着一些不知名的野草；人迹罕至的郊野林地中，更是隐藏着许多鲜为人知的野生植物。

相较于精心打理的城市景观，野生环境显得尤为珍贵。城市景观中的植物种类虽然规整有序，但通常较为单一，生态价值有限。频繁的园艺行为也使得这些绿地难以成为各种野生动物的栖息地。而野生环境中的植物多是本地乡土植物，这些植物虽不如观赏植物那么绚丽多姿，或者无法给人们带来实用的功能，有时甚至会显得有些碍眼，但它们构成了当地原生的自然生境，是生物多样性的重要构成，也为野生动物提供了宝贵家园。

野花杂草的角落

路边、角落和墙缝中
野花杂草自得其乐
它们是蓬勃的生命
是不期而遇的惊喜

❶ 酢浆草、红花酢浆草、关节酢浆草等 / 酢浆灰蝶

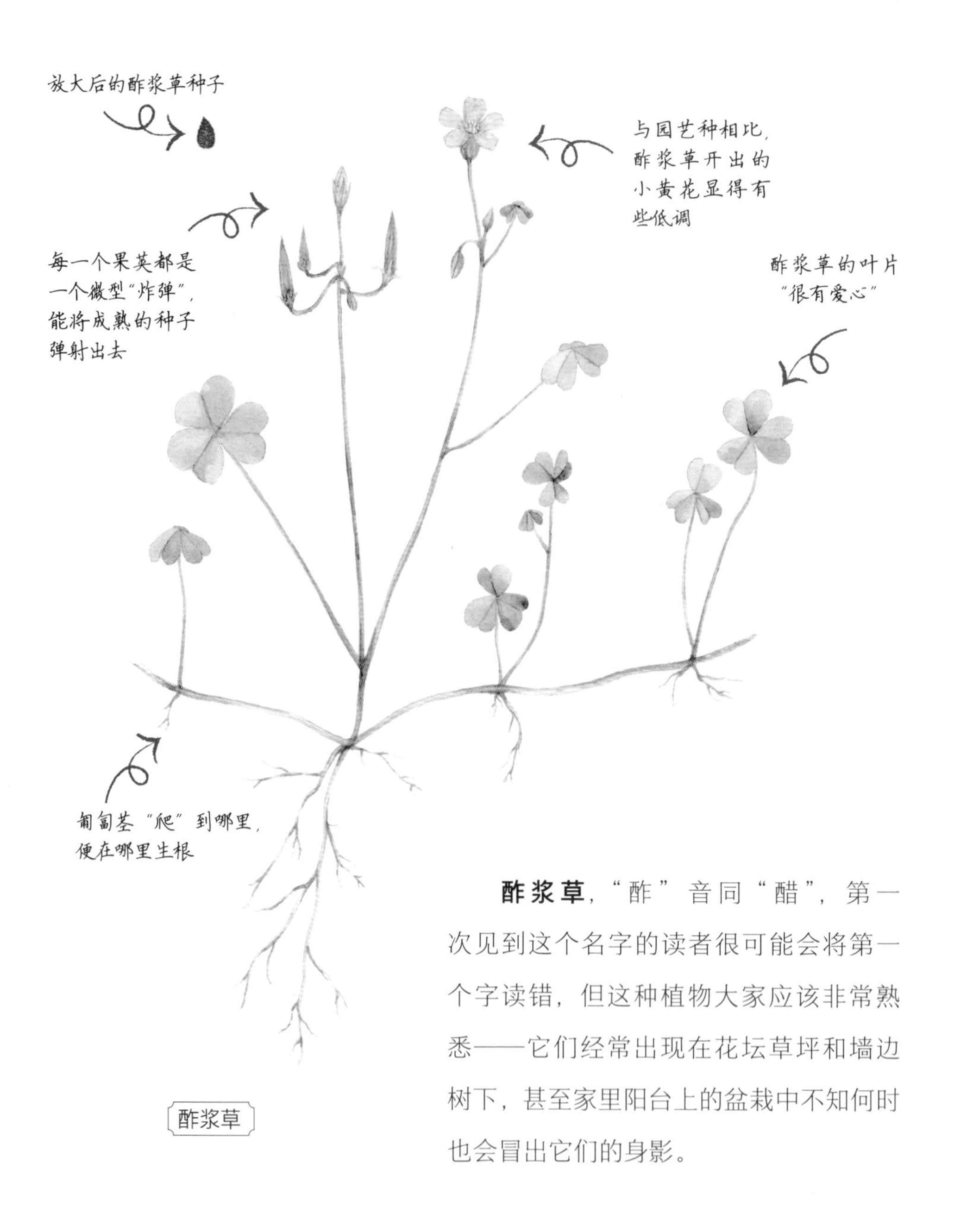

酢浆草

酢浆草，"酢"音同"醋"，第一次见到这个名字的读者很可能会将第一个字读错，但这种植物大家应该非常熟悉——它们经常出现在花坛草坪和墙边树下，甚至家里阳台上的盆栽中不知何时也会冒出它们的身影。

虽然酢浆草常常不合时宜地出现在各种角落，被人们认为是一种杂草，但它们的模样其实颇为可爱。爱心形小叶和黄色小花，会随着太阳升起而舒展，又随着夜晚的降临而闭合，仿佛与人类有着同样的作息规律。

酢浆草最有趣的特点在于它的果实，那是它们得以在各处生根发芽的终极奥秘。长圆柱形的蒴果有 5 个棱，静静地立在枝头。待到它们成熟，只要轻轻碰触，包裹在果荚中的种子就会弹射出去！感兴趣的读者可以试试用手轻捏果荚，感受“种子炮弹”带来的冲击感。

正是因为酢浆草过于强大的繁衍能力，园林上很少用它们来装饰景观。但它们的亲戚，例如**红花酢浆草**、**关节酢浆草**、**三角紫叶酢浆草**等，以及被培育出的各种各样的园艺品种，花色各异、叶形独特，更具有观赏价值，深受园艺爱好者的喜爱。

红花酢浆草的花

三角紫叶酢浆草的叶片

关节酢浆草的花

酢浆灰蝶（腹面）

酢浆灰蝶

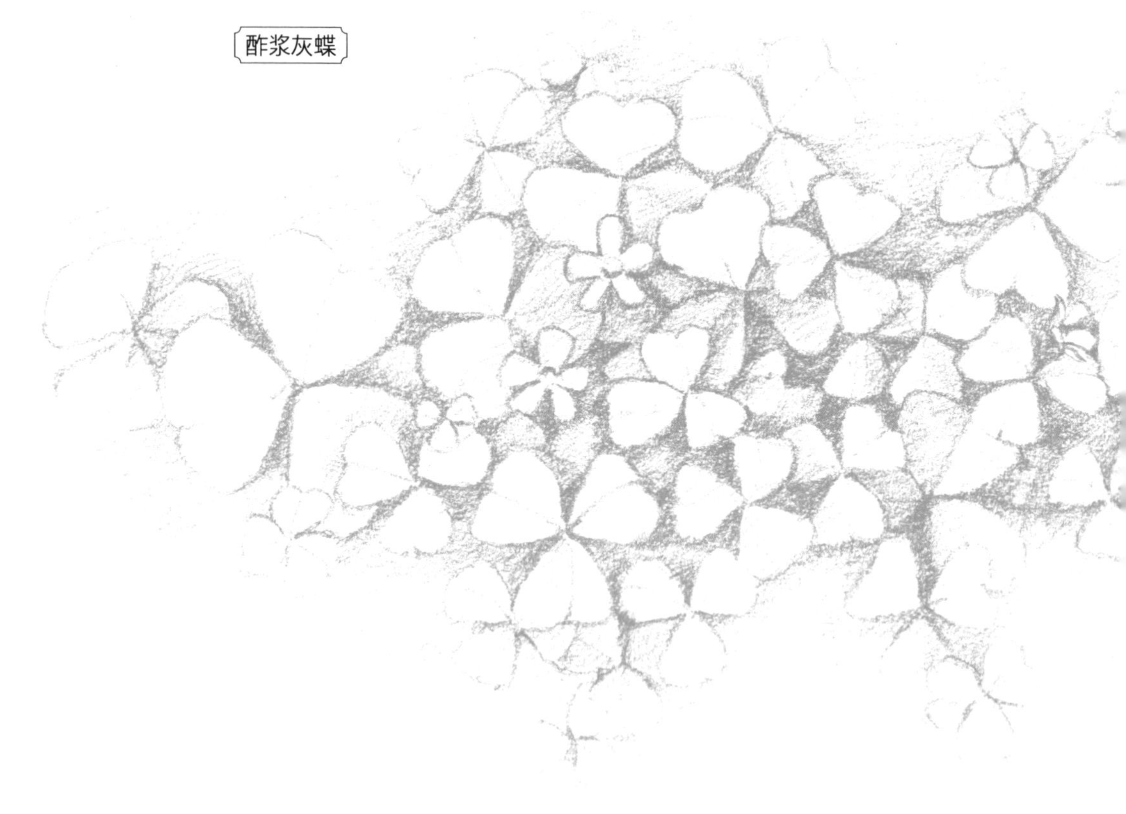

夏秋季节，在长着酢浆草的花坛周边，可以看到大量扑棱着翅膀到处乱飞的小灰蝶——**酢浆灰蝶**。小灰蝶们看起来平平无奇，灰不溜秋甚至貌似飞蛾。不过，棒状的触角和轻巧的身姿证明了它们的蝴蝶身份。许多种类的小灰蝶长相很近似，需要仔细辨别才能发现区别。

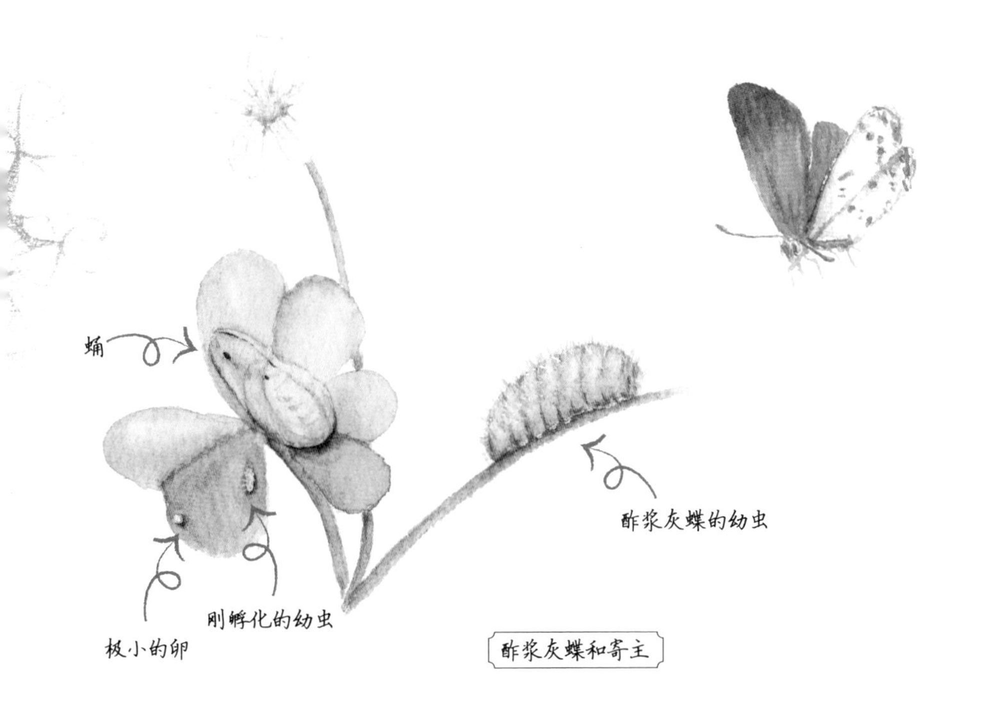

酢浆灰蝶和寄主

❷ 野豌豆类、苜蓿、白车轴草 / 琉璃灰蝶、蓝灰蝶、东亚豆粉蝶等

城市中的草地，往往并不会如同足球场草坪一般被一丝不苟地照料，大多数情况下，它们处于半野生的状态。除了人们撒下的草种，还有许多“野草”会悄悄生长出来，共同构成了草地生态系统。

春夏季节时常能在草地上看到一些开着紫色小花的豆科植物。最常见的是**救荒野豌豆**和**广布野豌豆**，乍一看这两种植物颇为相似，但只要仔细观察，就能发现它们的叶、花、果各不相同。《诗经·采薇》中的“薇”，就是指各种野豌豆属植物，古人采集早春的嫩芽作为美食。

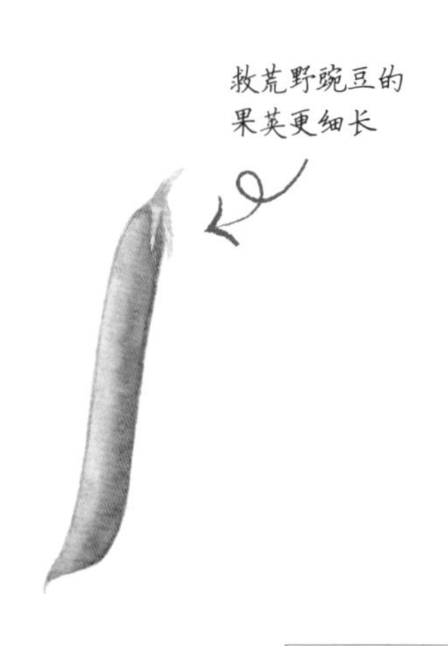

救荒野豌豆

可以根据花序区分
救荒野豌豆和广布
野豌豆。

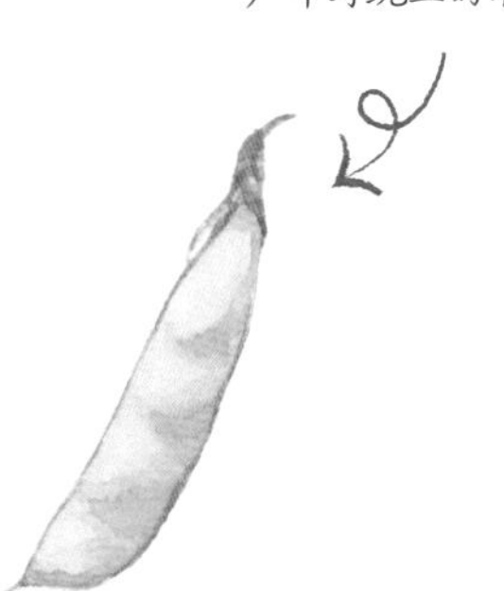

广布野豌豆

此外，同为豆科植物的**苜蓿**，也开着紫色的花。它有着三小叶羽状复叶，果荚呈螺旋状扭曲，这也是一些苜蓿属植物共有的有趣特点。许多苜蓿属植物都是重要的饲料和牧草植物，在全世界各地有着广泛的栽培。

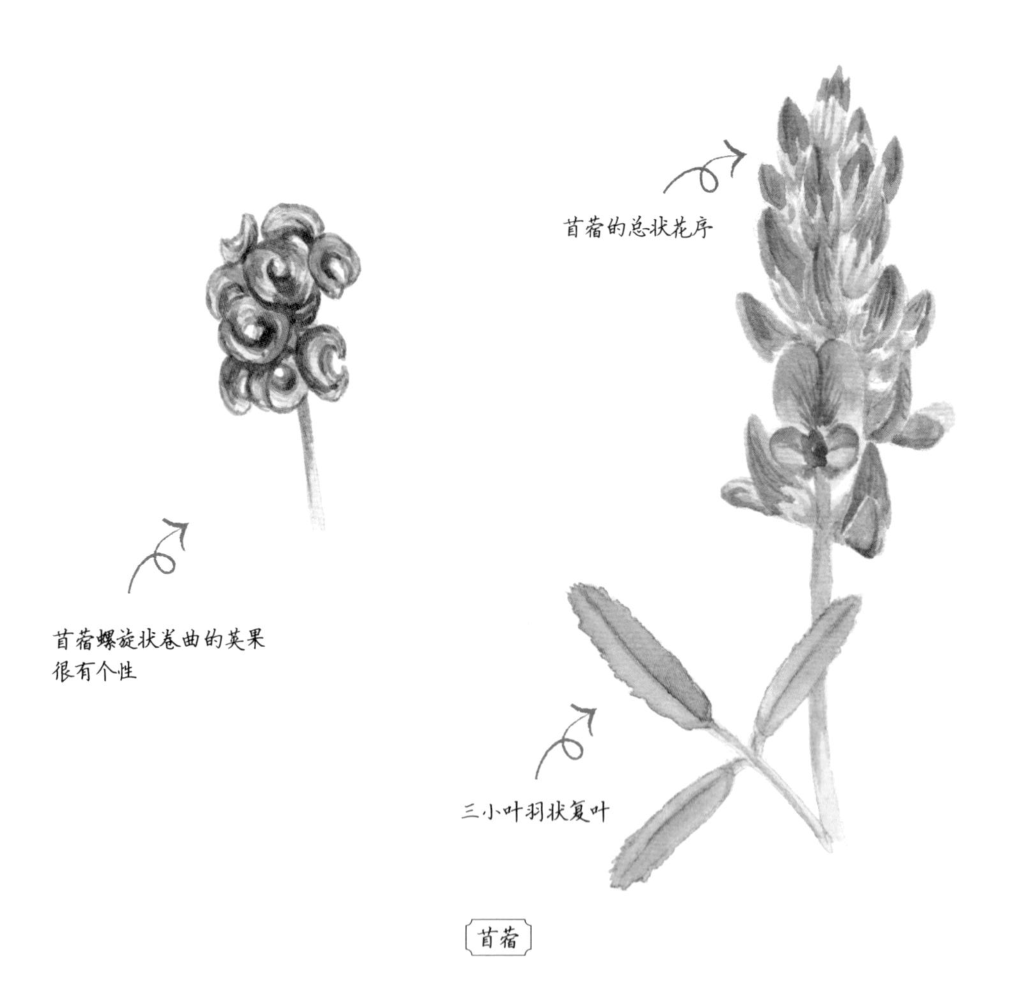

苜蓿

还有一种人们俗称为“三叶草”的豆科植物——**白车轴草**，也是十分优良的牧草植物。它们独特的白色球状花序很有识别度，大人和孩子都不会认错。有时白车轴草的三小叶掌状复叶会发生突变，长出第四片小叶，这个特点会给孩子带来无尽的乐趣——寻找“四叶幸运草”是郊游时人们乐此不疲的保留项目。

白车轴草的花梗开花后即下垂，果荚也因此下垂，每一个小果荚中通常有3粒种子

白车轴草

随处可见的野生豆科植物为众多蝴蝶提供了寄主。**琉璃灰蝶**和**蓝灰蝶**，它们与酢浆灰蝶模样相似，数量众多，夏秋时节成群的灰蝶围绕着城市花坛访花是十分常见的景象。**东亚豆粉蝶**，在我国分布很广也极为常见，经常出现在城市绿化带、荒草地和农田中。此外还有**橙黄豆粉蝶**、**豆粉蝶**等也喜爱这些豆科植物，虽然它们在江浙地区比较稀少，而在西部川藏等地区更为常见。

琉璃灰蝶

琉璃灰蝶（腹面）

蓝灰蝶（雌）

蓝灰蝶（雄）

蓝灰蝶（腹面）

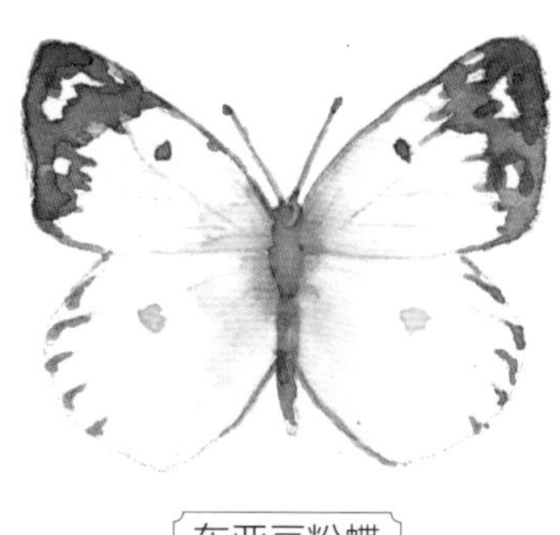

东亚豆粉蝶

橙黄豆粉蝶

豆粉蝶

❸ 堇菜属植物 / 斐豹蛱蝶、老豹蛱蝶、青豹蛱蝶

紫花地丁无疑是在春天用花朵装点草地的主力军之一。它是堇菜科堇菜属的一种植物，有着众多形态相近的“亲戚”，如**早开堇菜**、**长萼堇菜**等，都开着白色或紫色的花朵，生长在山坡上或石缝间。它们的形态变化多端，让许多试图区分它们的植物爱好者们感到头大。若是只看花，很难将这些种类繁多的堇菜区分开，需要结合茎的长短、叶子形状、花瓣细节等特征才能辨别。

不过，对于我们普通人来说，并不必如此精准地确定它们的种类，欣赏它们那特征明显的花朵，并自信地认出它们是堇菜属的植物，便已经足够。紫花地丁与堇菜们的花小巧精致，5 片花瓣左右对称分布，最下面的一片花瓣上有着延伸到花心内部的条纹，能指引昆虫找到美味的花蜜。这条通道直通花朵基部的花距——一个管状的中空结构，里面藏着蜜腺，诱惑着昆虫前来探索。

堇菜属植物的叶片形状多样，很难仅根据叶片形状，精准区分物种。

早开堇菜的叶片

长萼堇菜的叶片

戟叶堇菜的叶片

这一套吸引昆虫授粉的机制在早春开阔的草坪上很有效，但当夏秋季节草木茂盛时，堇菜们那低矮的花朵往往会被周围的草叶遮挡，昆虫便难以发现它们。因此，堇菜们采取了另一种策略——自花授粉。夏秋季节的堇菜不再开出美丽的小花，而是形成闭锁花，默默地结实，成熟后果荚开裂成 3 瓣，播撒出种子。

这些堇菜属植物是几种蛱蝶的寄主，常见的有**斐豹蛱蝶**、**老豹蛱蝶**和**青豹蛱蝶**，分布于全国各地。它们飞行速度快，喜欢在林间或开阔草地活动，也喜欢访花，在城市绿地中也颇为常见。这几种蝴蝶共同的特征是翅上醒目的斑点豹纹，如果蝴蝶也有时尚圈，那它们无疑是“时尚弄潮儿”。

斐豹蛱蝶（雌）

斐豹蛱蝶（雄）

老豹蛱蝶（雄）

雌雄老豹蛱蝶的形态相近，但雌蝶前翅顶角会有1枚很小的白斑

老豹蛱蝶（雌）

青豹蛱蝶（雄）

青豹蛱蝶（雌）

青豹蛱蝶的雌蝶与雄蝶“判若两蝶”。

❹ 酸模 / 红灰蝶

与前面讲的几种野草相比，**酸模**要显得更“野”一些，它对环境有超强的适应性，水沟边、砖缝里、墙角下都能见到，甚至还对农业有一定危害。同时它们长得足够普通，难以引起人们的注意。

酸模的圆锥花序，雌雄异株，单株植物上只有雄花或只有雌花

酸模的雌花花被反折，基部还有一个小瘤

酸模的种子

酸模的叶片常呈波状

酸模的雄花与雌花的差别较大

酸模植株可长至1米高，但是作为杂草，很少有人会关注到它。

酸模

酸模名字中的“酸”字暴露了它的口感，由于叶片中富含草酸和单宁，酸模的味道很酸涩。又因为酸模的叶片有些类似菠菜，所以有些地方称它为“野菠菜”。但这两者其实并不是亲戚——菠菜属于苋科，而酸模属于蓼科。虽然味道酸涩，但在古代，人们会采集酸模作为野菜，焯水后食用。然而随着人们的味蕾越来越挑剔，如今在国人的餐桌上很少会见到这种口感不佳的野菜了。不过，在一些欧洲国家还保留着吃酸模的传统，他们培育出更适合食用的酸模品种用于烹饪或者装饰餐盘。

有一种美丽的灰蝶以酸模为寄主——**红灰蝶**。它的翅是非常鲜艳的橙红色，有时在阳光的照射下还呈现金属光泽。橙红色配上黑色斑点——单看颜色，它不像是灰蝶，倒像某种蛱蝶。不过它体型娇小，喜欢在草地上飞来飞去，红色的光泽忽闪忽闪，很难将它认错。

红灰蝶（腹面）

红灰蝶

❺ 车前、爵床、空心莲子草 / 翠蓝眼蛱蝶、美眼蛱蝶

运气好的话，你可能会在城市中发现一些漂亮的眼蛱蝶，例如**翠蓝蛱蝶**和**美眼蛱蝶**。它们的翅上有明显的眼斑，用来迷惑鸟类等天敌，使其转移攻击目标。这些眼斑不仅为它们增添了几分神秘感，也让它们显得更加生动迷人。

翠蓝眼蛱蝶的后翅背面呈现蓝色，在阳光下熠熠生辉，若在野外亲眼见到定会被它的绚丽所折服。美眼蛱蝶翅背面为橘黄色，后翅中上方有一对巨大的“圆眼睛”，看起来炯炯有神，甚至眼珠还带有高光，恍惚一看，仿佛是一只猫头鹰正直勾勾注视着你。

翠蓝眼蛱蝶

这两种蝴蝶的形态会根据季节分为湿季型和旱季型。在草木枯黄的秋冬季，也就是旱季，蝴蝶的前翅角会形成凸起的钩状，同时翅腹面呈现出枯叶的深褐色。尤其是美眼蛱蝶会拟态成一张枯叶，后翅凸起的臀角犹如叶柄，这种高超的拟态技术可以媲美枯叶蛱蝶。

美眼蛱蝶

它们通常喜欢栖息在空旷的荒地或田园中，特别是在晴朗的天气里，它们会频繁地出没。它们有着访花的习性，但并不会飞得很高，而是贴着地面滑翔飞行，显得既灵敏又机警。这也决定了它们的寄主往往是那些低矮的草本植物。

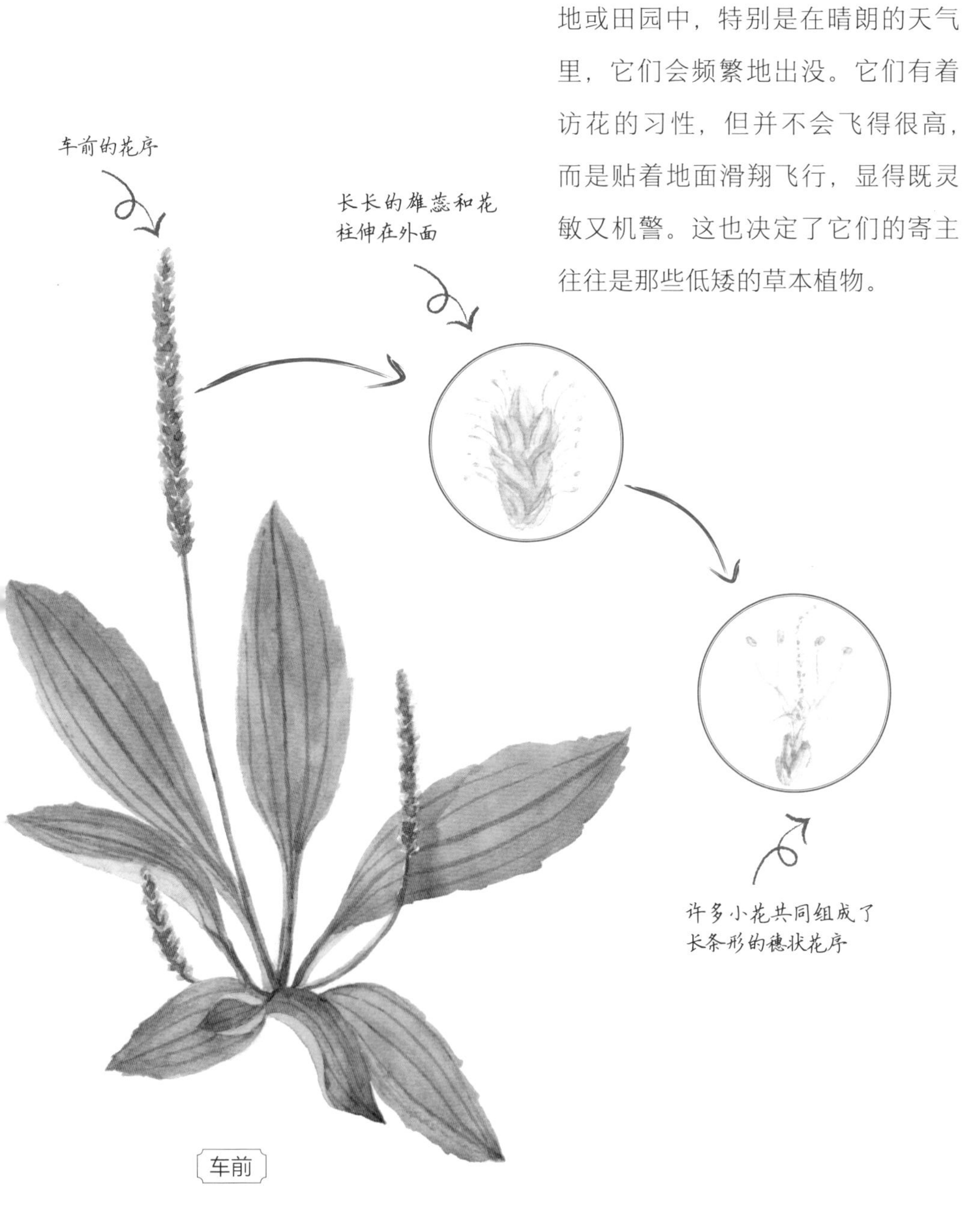

空心莲子草

空心莲子草也叫喜旱莲子草，虽然名字中有“喜旱”，实际上却喜欢生长在水渠、池沼之中，生长繁殖能力强大。

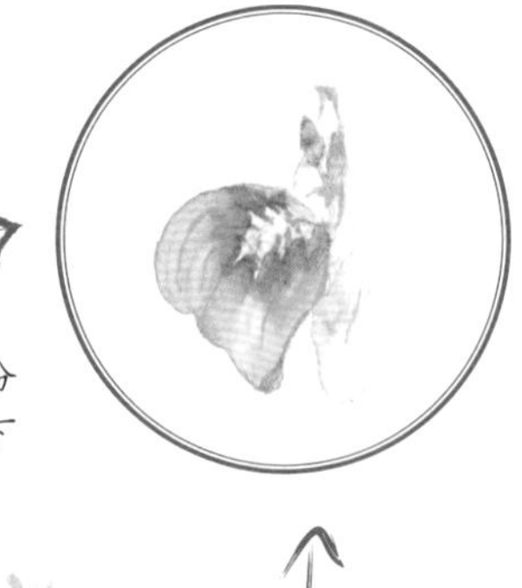

爵床的小花为粉红色的唇形花，下唇有浅浅的三裂

这几种眼蛱蝶的幼虫食性相当杂，它们会选择车前科、爵床科、苋科、玄参科等多类植物作为寄主。而在我们身边，这些植物往往以杂草的形式出现，如常见的**车前**、**爵床**、**空心莲子草**等，它们一般出现在河沟、草地或路边。

爵床

❻ 葎草 / 黄钩蛱蝶

在杂草界，**葎草**算是鼎鼎有名了，它俗名叫“拉拉藤”“割人藤”。从俗名来看，就知道这种植物绝非善茬，尤其是在农村长大的孩子，很多被这种植物割过脚踝。葎草是一种缠绕藤本，生长在山坡、荒地和废墟之上，它的茎、枝、叶柄都长有倒钩刺，在野地中行走时冷不丁被倒刺划过皮肤，会留下又痒又疼的一道血印子。在城市里，可以留心小区的铁栅栏上或者废旧房屋周围，极有可能会发现它们张牙舞爪的身影。

葎草

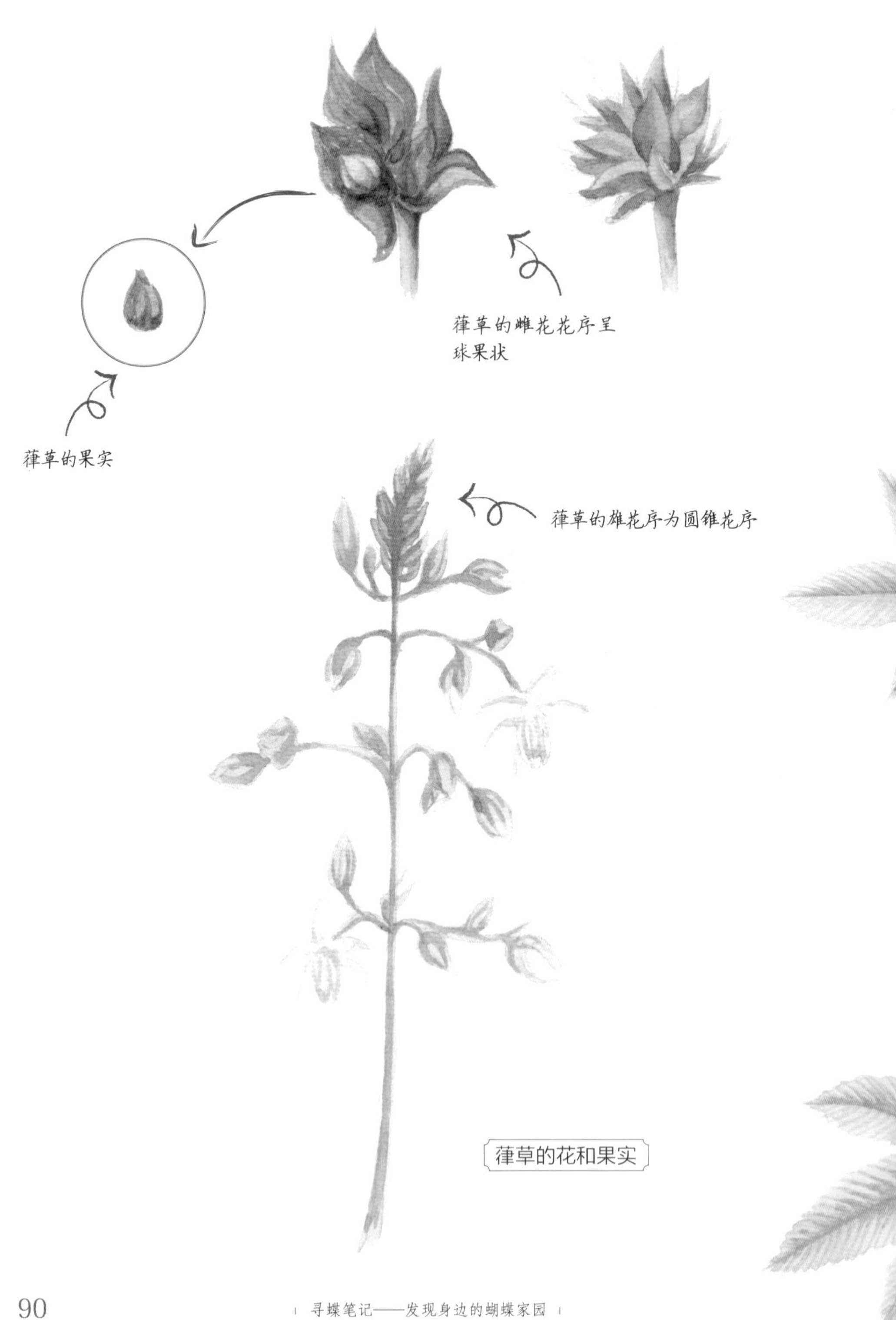

葎草的花和果实

虽然不少小伙伴对这种带来童年阴影的植物深恶痛绝，但有一种蝴蝶却对它情有独钟，那就是**黄钩蛱蝶**。它是**白钩蛱蝶**的近亲，二者看起来几乎一样，但翅上的黑斑等处有差别。白钩蛱蝶偏爱榆树等木本植物，而黄钩蛱蝶则选择了葎草这样的藤本杂草作为它的寄主。这两种寄主植物在城市中都不难找到，为这对“钩蛱蝶兄弟”在城市中“打拼”提供了保障。

黄钩蛱蝶

黄钩蛱蝶几乎全年可见，它们不畏寒冷，以成虫形态越冬，藏在隐蔽的石缝或墙壁下等待春天的到来。此时，它们的翅膀是暗黄褐色的，与枯叶的颜色相近。而到了温暖的夏季，它们的翅膀则变成了明艳的橙黄色。

黄钩蛱蝶的幼虫和卵则不那么容易被发现，需要在成片生长的葎草丛中仔细翻找。幼虫们会吐丝将叶片粘连，形成一个小小的帐篷，为自己建造遮风避雨的叶巢。所以，当你面对一片郁郁葱葱的葎草，不知该如何下手寻找黄钩蛱蝶时，有一个省力的小技巧：关注那些萎蔫卷曲、有咬痕的叶片，那很可能就是它们的藏身地。

黄钩蛱蝶和它的幼虫

这些幼虫浑身长满了尖刺，看起来咋咋呼呼，很不好惹的样子。不过不用担心，蝴蝶幼虫身上的刺通常没有毒性，碰到皮肤也没有关系。然而需要注意的是，如果你的识别能力还不够娴熟，不小心碰到了那些带刺的蛾类幼虫，那就得举着疼痛难忍的手指号啕大哭了。所以，一定要提醒大家：好奇有风险，摸虫须谨慎！

人迹罕至的山林

植被茂盛的山野林地

野生植物生长于此

神秘又可贵

是蝴蝶的欢聚圣地

❶ 马兜铃 / 丝带凤蝶、红珠凤蝶等

马兜铃是一种藤本攀缘植物，广泛分布于我国各地，通常默默无闻地生长在山野里。马兜铃的叶为卵状三角形或戟形，与**何首乌**、鱼腥草（**蕺菜**）等其他一些野外常见的藤本植物有些许相似。但它的花和果却很别致。

它们的花形状如同漏斗，一端是喇叭状的开口，中间是长长的管状，基部是一个膨大的圆球。花朵的造型虽然奇特有趣，却散发出一股腐肉般的气味，这种气味正是马兜铃吸引传粉昆虫的独特方式。小昆虫被花朵上的花纹所吸引，爬入细长的花被管中直达底部，才发现已被内壁的倒生长毛困住，挣扎间无意中帮助马兜铃完成授粉。马兜铃的这种特殊的花结构与气味，决定了蜂蝶之类体型较大且不喜欢臭味的昆虫不会前来拜访。授粉后，马兜铃会结出球形的蒴果，宛如挂在马脖子上的铃铛，这也是植物名字的由来。果实成熟后会开裂，释放出一片片带有膜翅的种子，随风飘散，寻找新的生长之地。

马兜铃曾一度被用作中药材，但近年来研究表明，马兜铃酸具有肾毒性，甚至可能致癌，马兜铃也因此逐渐退出了药材市场。然而，对于某些蝴蝶而言，马兜铃的毒性却成为一种保护——幼虫以马兜铃为食，能够从中获得防御物质，用来抵抗天敌。

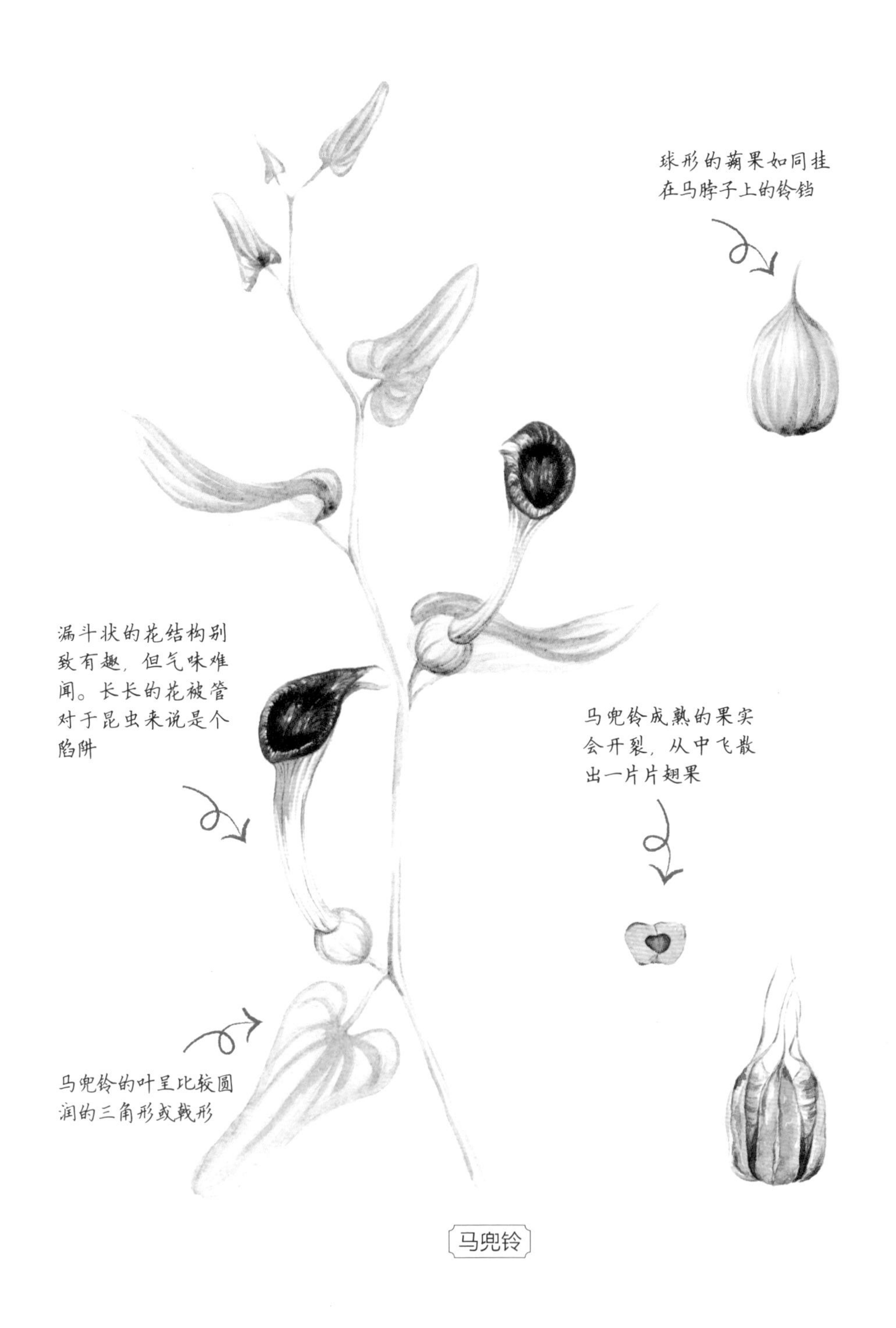
球形的蒴果如同挂
在马脖子上的铃铛
漏斗状的花结构别
致有趣，但气味难
闻。长长的花被管
对于昆虫来说是个
陷阱
马兜铃成熟的果实
会开裂，从中飞散
出一片片翅果
马兜铃的叶呈比较圆
润的三角形或戟形

马兜铃

丝带凤蝶（雄）

丝带凤蝶（雌）

丝带凤蝶的卵、幼虫、蛹

遗憾的是，马兜铃在城市中的分布日渐稀少，即使在河岸、道路两侧偶尔出现，也常被当作杂草拔除。这导致那些以马兜铃为寄主的蝴蝶，如**丝带凤蝶**、**红珠凤蝶**和**灰绒麝凤蝶**，在城市中的数量急剧减少。

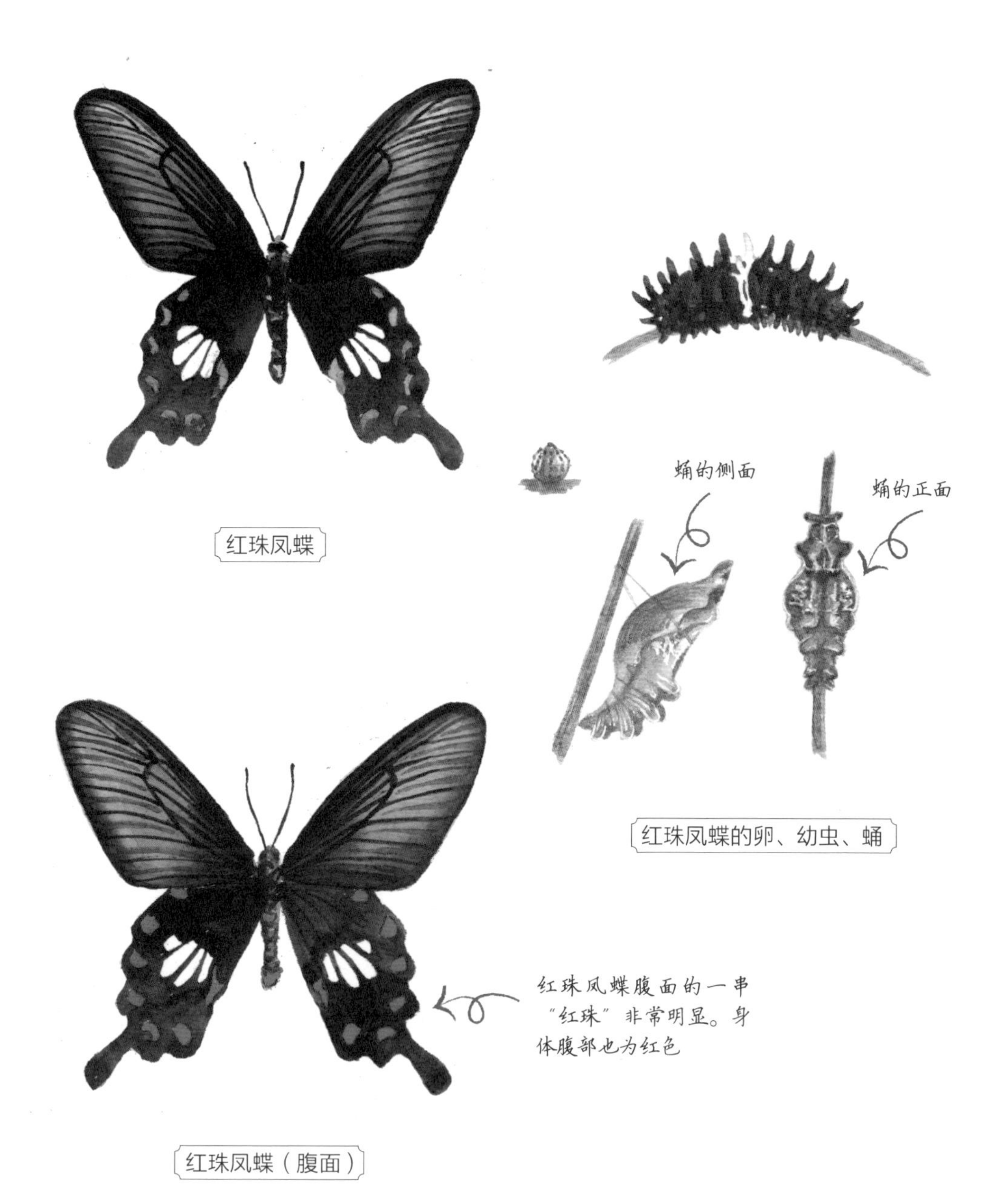

红珠凤蝶

红珠凤蝶的卵、幼虫、蛹

红珠凤蝶（腹面）

锤尾凤蝶

金裳凤蝶

此外，还有许多美丽且珍贵的蝴蝶，如**金裳凤蝶**、**锤尾凤蝶**等，也都以马兜铃属植物为寄主。这些蝴蝶的野外生存状况，直接受到马兜铃属植物及其生长环境的影响，因此，保护这些植物和它们的适生环境十分重要。

❷ 杜衡 / 中华虎凤蝶

中华虎凤蝶是我国长江中下游地区闻名遐迩的珍稀蝶种。它是我国二级保护野生动物，也是我国的特有种。中华虎凤蝶翅上的图案黑黄相间，神似老虎，故以“虎”字命名。这种美丽的蝴蝶自发现起就经历了多舛的命运，曾经被贪图利益的标本商大量抓捕收购，种群数量骤降。此外，它们还面临着栖息地破坏、寄主植物稀缺等各种威胁。直到近些年，人们将它作为明星蝶种加以保护和宣传，才使这种珍贵蝴蝶的数量得以恢复。

中华虎凤蝶访花

中华虎凤蝶每年只发生一代，且以蛹的形态度过夏、秋、冬三季，成虫仅在每年的3—4月份短暂现身。这种生活习性不仅增加了人们观察和研究的难度，也使其种群数量难以快速恢复。

中华虎凤蝶数量稀少的最主要原因，是寄主植物被大量破坏。它们的幼虫依赖马兜铃科细辛属的植物作为食物来源，其中**杜衡**是它们主要的寄主。然而，由于杜衡所在的细辛属植物是我国传统的中草药，许多山民会大范围挖采售卖，导致蝴蝶的寄主数量不断减少，造成了中华虎凤蝶的生存危机。

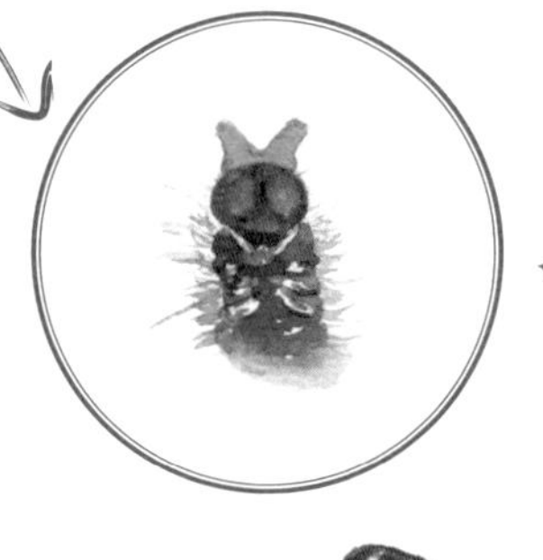

中华虎凤蝶幼虫的红色泌腺

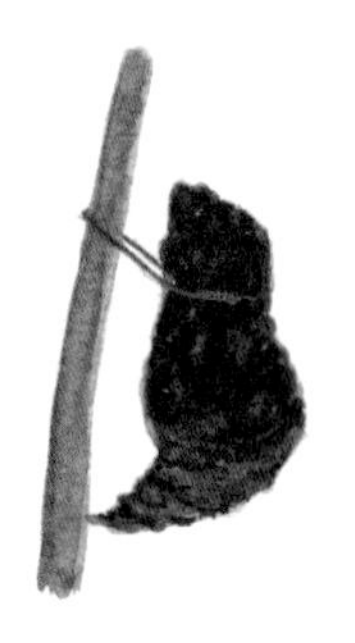

不同生长阶段的中华虎凤蝶

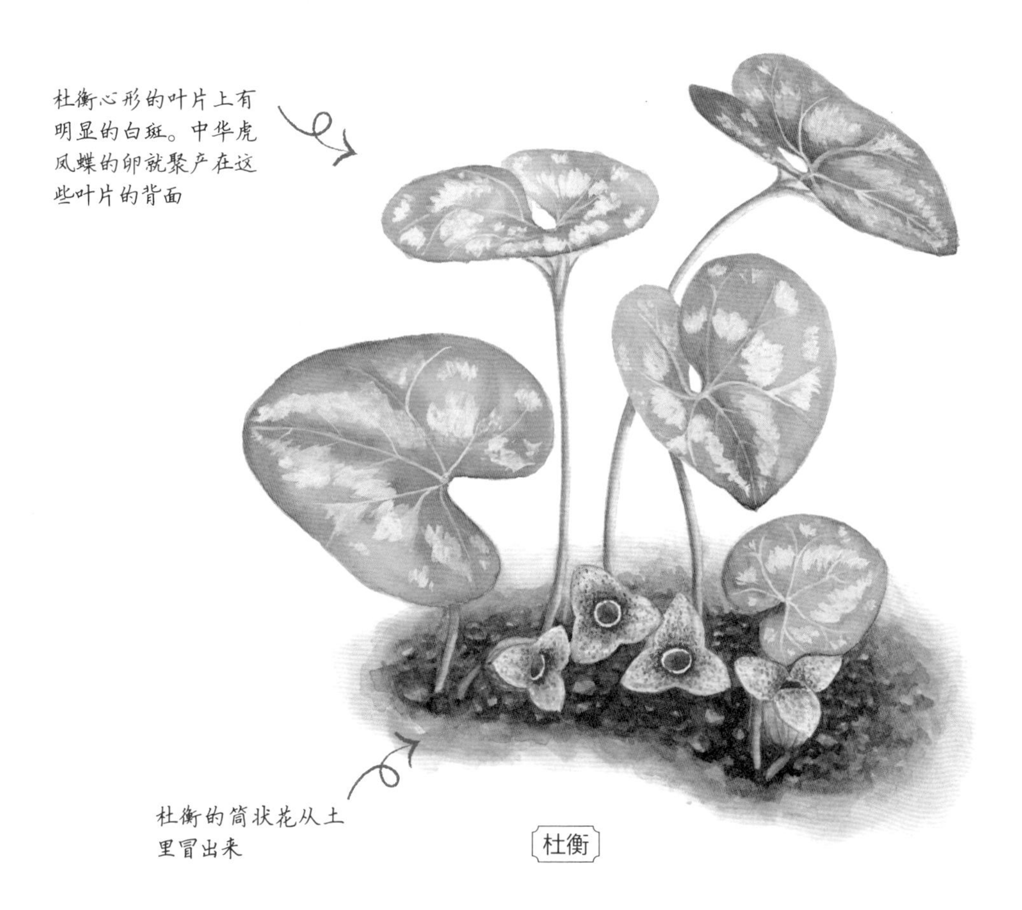

杜衡

杜衡是一种多年生草本植物，高度只有 10 多厘米，俯身观察才能看清真容。它的叶片呈心形，中脉两侧有白斑，花期在每年的 4—5 月。杜衡暗紫色的筒状花颇有种暗黑气质，它们从泥土中冒出头来，花中央是一个黑黢黢的洞口，等待着传粉昆虫探访。

读者们在春天郊游时，若是遇见这种植物，不妨翻起它的叶片，看看有没有中华虎凤蝶产下的成片卵群——若能亲眼见证这些珍贵的蝴蝶的孵化过程，必将成为一次难忘的经历。

❸ 延胡索 / 冰清绢蝶

冰清绢蝶是另一种在长三角地区分布的“三有”保护动物，也是该地区唯一能见到的绢蝶属蝴蝶，同属的大部分蝴蝶分布在新疆、西藏以及更寒冷的东北地区。蝶如其名，用“冰清玉洁”来形容这种仙气十足的蝴蝶再合适不过了。它们的翅呈半透明白色，宛如仙女的裙纱，上面装点着黑色的翅脉纹路，身体上还覆盖着一层细软的绒毛。这些林中仙子飞行缓慢优雅，它们扇动着清透的翅膀，阳光为它们染上金色的光辉——只有身临其境才能感受到这种梦幻般的美妙。

冰清绢蝶

然而，冰清绢蝶动人的身姿可谓罕见。与中华虎凤蝶类似，它们一年只发生一代，成虫阶段只有短短的1个月，在春夏之交留给人们惊鸿一瞥。不过与中华虎凤蝶以蛹过冬过夏不同，冰清绢蝶是以卵的形态度过一年中9个月的时间，如此漫长又脆弱的卵期为这一物种带来不小的生存风险。

冰清绢蝶的主要寄主是罂粟科紫堇属的一种植物——**延胡索**。每到初春，野地密林中会冒出一片片紫红色的小花。

延胡索

走近观察，这些小花着生在总状花序上，每一朵都颇为精致：张着喇叭状的小嘴、伸出长长的尾巴，如同一只只微型鸟雀正翘起尾巴歌唱。这种圆筒形的中空“花距”结构与之前介绍的堇菜类似，里面藏着蜜腺吸引昆虫前来拜访。紫堇属植物的花朵都具备这些特征，让人一眼就能认出，但是不同种之间的相似度较高，需要结合叶片等其他特征来进行识别。延胡索在土壤下长着圆球形的块茎，是一种著名的中药，用于活血散瘀、治疗跌打损伤。不过对于普通人来说，遇到疾病还是需要接受正规治疗，千万不要试图通过服用野生植物来治病。

❹ 苎麻 / 大红蛱蝶、小红蛱蝶、苎麻珍蝶

苎麻，这一荨麻科的植物，对许多人来说是个陌生的名字，但其制品却早已融入我们的日常生活。它的茎皮纤维既细长又强韧，是制作人造棉、渔网、地毯和麻袋的优质材料。同时，苎麻的全身都是宝：根部可入药，叶子可作饲料，种子还能榨油。这种多功能植物，中国人早在数千年前就已懂得如何利用，至今在我国已有广泛栽培。除了人工栽培外，苎麻的野外生境一般在山谷林边或草坡上，在不太寒冷的南方地区都能见到。

尽管苎麻如此友好，但荨麻科的许多其他成员却并非如此。大部分的荨麻科植物，如**荨麻**、**咬人荨麻**等，通常会以一种不太友好的方式在野外与我们相遇——扎人。它们的叶片和茎秆上长满了刺毛，更可怕的是这些刺毛中含有蚁酸等化学物质，会让人的皮肤感到被火灼烧一般的剧痛。但令人惊奇的是，有些地区的人们会将幼嫩的荨麻枝叶作为野菜食用，高温煮沸后的荨麻就丧失了扎人的特性。

放大的雌团伞状花序，密集分布着雌花
苎麻叶背面密布雪白的毡毛，在野外十分显眼
苎麻叶边缘有锯齿，顶部形成尾尖。3对侧脉很明显
圆锥花序生于叶腋处，有的植株全部为雌花序，有的植株上部为雌花，下部为雄花
苎麻

这些荨麻科的植物为**大红蛱蝶**和**小红蛱蝶**提供了安栖之所。这两种蝴蝶分布于全国乃至世界各地，飞行迅速、喜爱吸食花蜜，常能在开阔的公园、农田中见到。两种蝴蝶的外形相似又有所不同，最大的区别是小红蛱蝶的后翅背部以橘红色为主，而大红蛱蝶的后翅大部分为暗褐色，仅外缘为红色。除荨麻科植物以外，它们的寄主还包括榆科、菊科、锦葵科等的植物——广泛食性使它们能够遍布全国乃至世界各地。

大红蛱蝶

小红蛱蝶

还有一种独特的蝴蝶——**苎麻珍蝶**，其名字便揭示了它的寄主为苎麻。这种蝴蝶的雌蝶通常会将卵群产于苎麻的叶底。苎麻珍蝶的翅膀形状比较窄长，仿佛被压扁后变形了，这种独特的造型很方便我们识别。它们飞行缓慢，多见于林区光线好的地方，在长江以南地区能够邂逅它们美丽的身影。

苎麻珍蝶

❺ 板蓝 / 枯叶蛱蝶

如果要列出知名度最高的蝴蝶名单，**枯叶蛱蝶**一定位列其中。这种蝴蝶形似枯叶，十分擅长伪装自己，是自然界中赫赫有名的拟态高手。或许是枯叶蛱蝶的名气实在太大，许多人在野外观察蝴蝶时，一看到貌似枯叶的黄褐色蝴蝶就会兴奋大喊:枯叶蝶！其实，有不少蝴蝶都会将枯叶作为自己的模仿对象，毕竟在树林茂盛的山野中，模拟枯叶无疑是一种高效的自我保护手段，仿佛穿上了隐身衣一般让天敌无迹可寻。

枯叶蛱蝶（腹面）

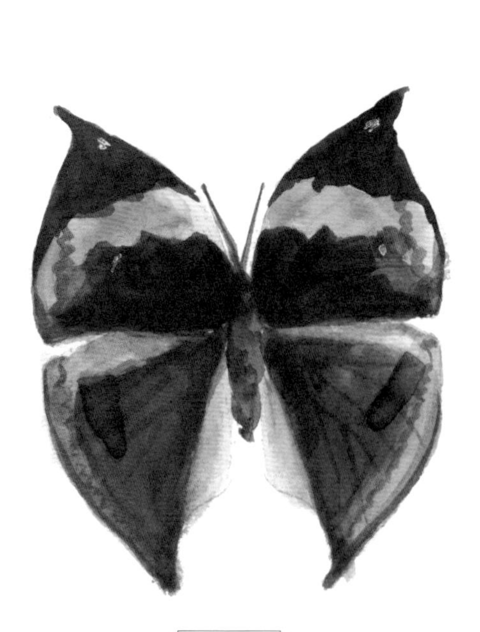

枯叶蛱蝶

枯叶蛱蝶和它的幼虫

枯叶蛱蝶广泛分布于我国的热带地区，而往北至上海、江苏等地区就见不到了。因此，如果在北方野外看见一些枯叶模样的蝴蝶，那大概率不是枯叶蛱蝶。枯叶蛱蝶的翅腹面容易与其他蝴蝶撞色，但是翅背面却令人过目难忘。它们将翅膀打开时，会闪现出蓝色的金属光泽，还有两条绶带一般的橘黄色的斜纹高傲地展示出隐藏的美丽。这是聪明的蝴蝶为了保护自己采取的第二套方案：当枯叶的造型没有骗过捕食者的眼睛时，这靓丽的警戒色会将天敌吓退。

枯叶蛱蝶钟爱山林环境，喜爱吸食树汁和腐叶。它们的寄主——**板蓝**也生长在山林中，常见于温暖湿润的南方与西南地区。这种爵床科植物，秋季会绽放出粉紫色漏斗状的花朵。板蓝的叶片可以提取出颜色浓厚的靛蓝染料，在合成染料发明之前，它是非常重要的植物染料来源。板蓝的根和叶都可以入药，有清热退火的功效。有趣的是，我们熟知的中药——板蓝根，却并不是指板蓝这种植物的根，而是一种叫作**菘蓝**的十字花科植物的根。尽管菘蓝与板蓝外貌迥异，但二者功能相似，不仅医药效用相近，还都能提取靛蓝染料，这无疑是自然界中的一段奇妙缘分。

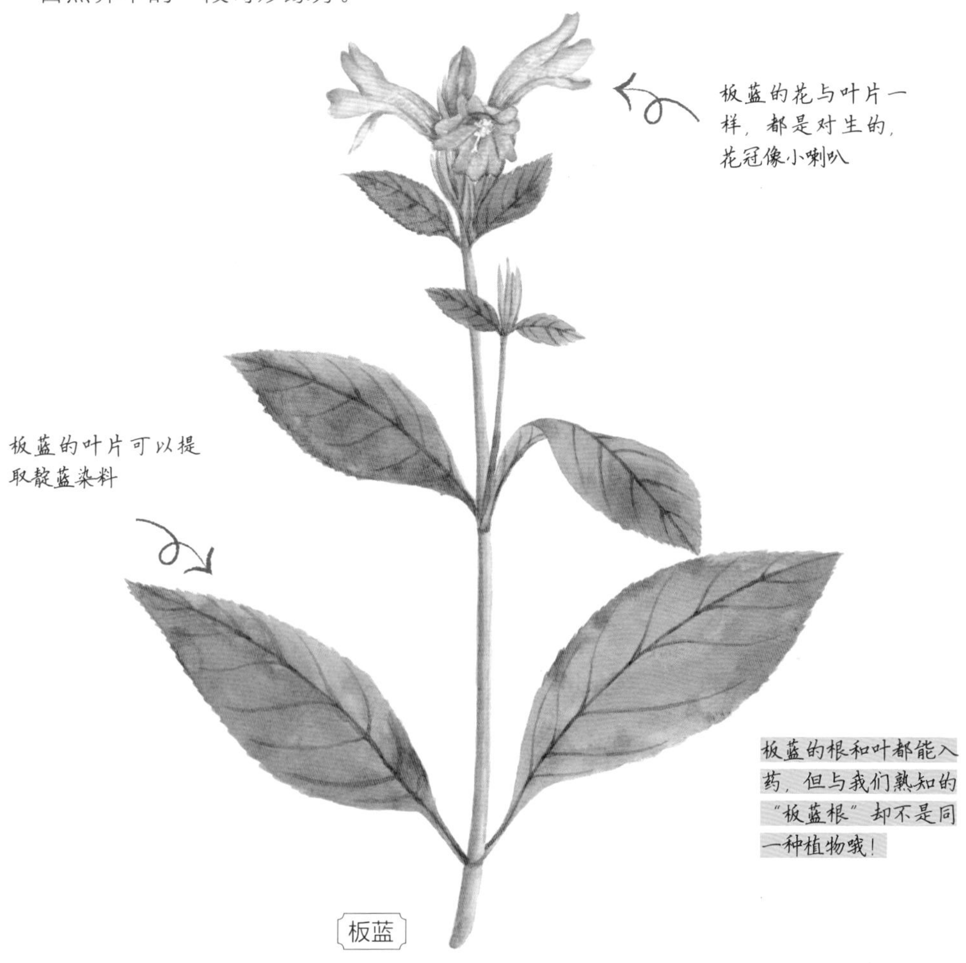

第四章

田园 乡村

近年来城市农业逐渐兴起，人们越发意识到在城市和近郊进行农业生产对于维护粮食安全有着重要的意义。除了大规模的粮食生产，“一米菜园”这样的种植模式也被城市居民接受，城里人亦能拥有劳作和收获的快乐。

在种植作物的过程中，我们不可避免地会与一些小动物打交道，其中昆虫尤为常见。人们往往将昆虫简单地划分为“害虫”和“益虫”，然而这种以人类为中心的评判标准可能会引发一系列生态问题。

在农田或经济林中，人们大面积种植的单一作物为某类昆虫提供了丰富的食源。由于人类消灭或驱赶了昆虫的天敌，这些昆虫的数量迅速增长，而造成“虫灾”。为了应对这一问题，农业上大量使用农药，这虽然杀死了害虫，却也影响了其他无害的小动物。长期下来，形成了一个恶性循环：昆虫死亡导致天敌减少，害虫数量反弹，迫使人们使用更多农药，进而使农业生态系统变得更加脆弱。

科学家们正努力寻找与昆虫和谐共处的农业耕作方法。对于普通读者来说，我们或许可以从改变观念开始，摒弃对“害虫”的偏见，尝试接受这些小生命并与它们共享家园。与昆虫和谐共处，是我们走向可持续农业的重要一步。

芬芳四溢的果园

城郊的果园
多汁的果子挂满枝头
蝴蝶翩跹起舞
也着迷于鲜嫩的美味

❶ 柑橘、花椒 / 柑橘凤蝶、玉带凤蝶、美凤蝶等

柑橘、甜橙、柚子、柠檬、金橘……这些名字足以让人口舌生津，仿佛能闻到它们独特的香气。这些水果，虽然味道和大小各异，却都来自同一个家族——芸香科柑橘属。但如果想细细理清这些水果之间的关系，那将是一个“剪不断理还乱”的过程，因为在漫长的育种历史中，这些亲缘关系很近的物种之间不断相互杂交，产生了一个又一个新的物种或者品种，从而丰富了我们的餐桌。

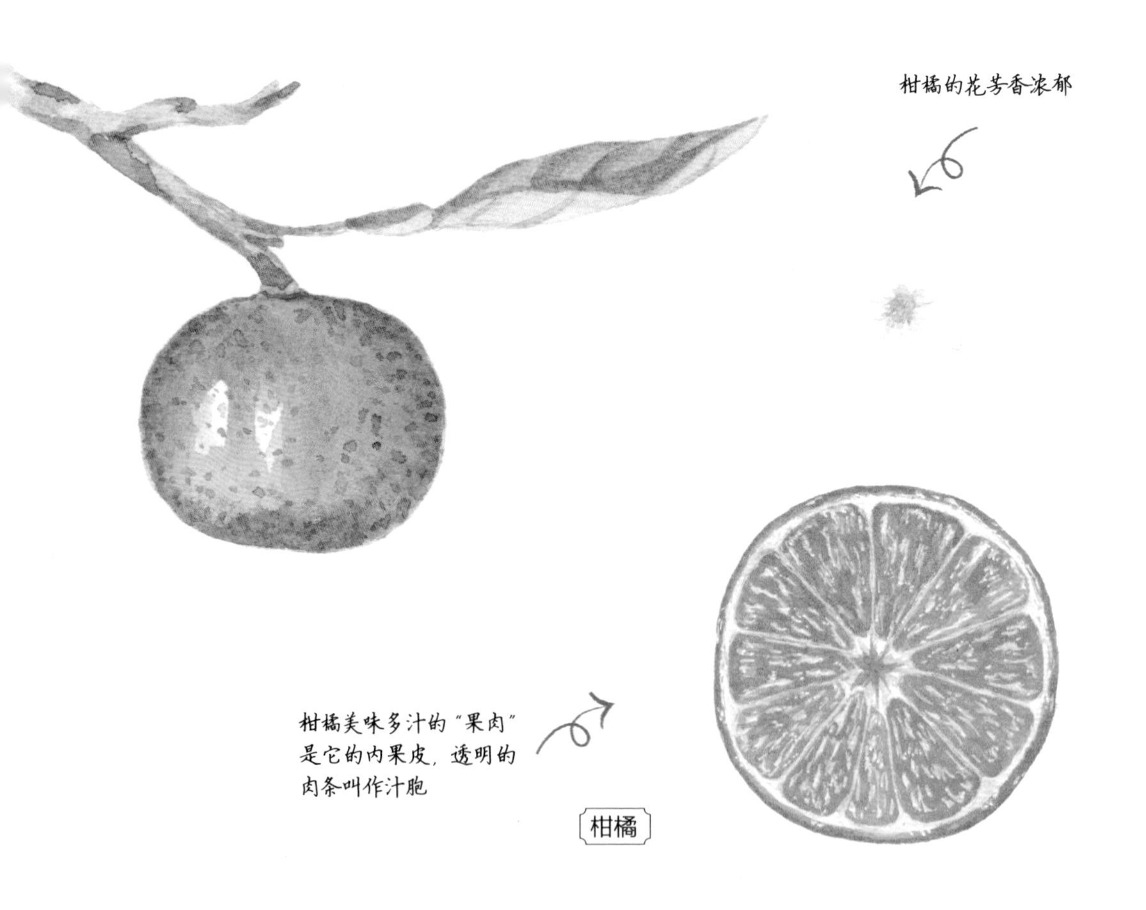

柑橘厚厚的外果皮上分布着富含精油的油胞，内部附着的一层白色网络状物质，叫作橘白或橘络，是中果皮

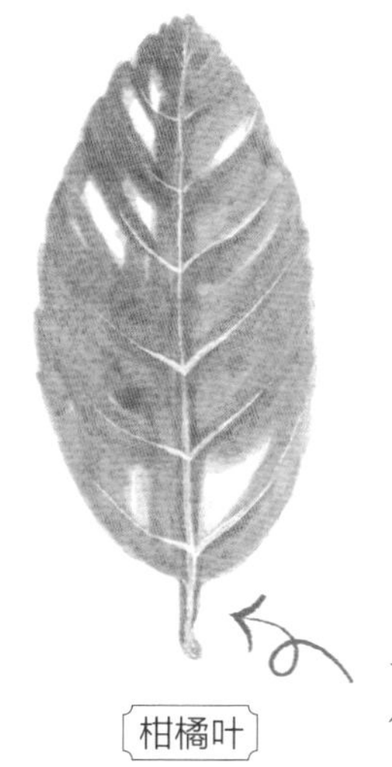

有的翼叶非常小，仅有些许痕迹

柑橘叶

柑橘类植物的叶片看起来有点奇怪：好似两张小叶上下连在一起，拼成了一片叶。这种叶有一个形象的名字——单身复叶，位于下部的“小叶子”叫作翼叶。这个特点能让我们在不结果的季节里，一眼就识别出柑橘家族的植物。

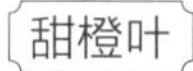

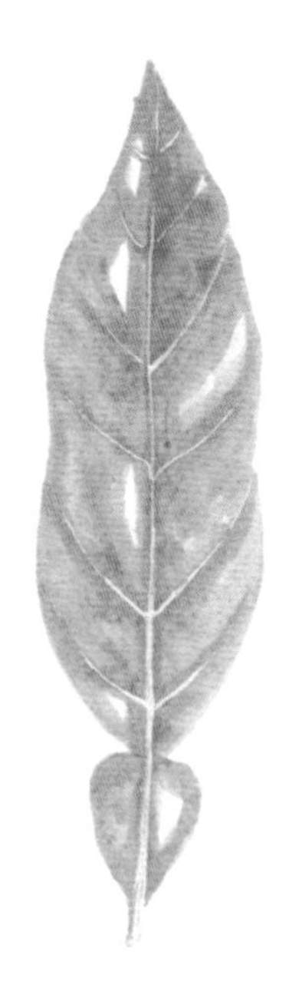

柚叶

香橼叶

这些柑橘类植物的果实和叶片通常都密布具有芳香气味的油点，或许是这种芳香气味过于诱人，也引来了众多凤蝶的青睐。在众多的凤蝶中，**柑橘凤蝶**和**玉带凤蝶**的身影是最为常见的，它们优雅地在公园、小区、学校的绿化带中飞舞，成为春夏季节城市中的一道亮丽风景。此外，**美凤蝶**、**蓝凤蝶**、**玉斑凤蝶**和**达摩凤蝶**等，在南方地区也较为常见。

柑橘凤蝶

玉带凤蝶的雌蝶具有好几种不同的斑纹，且通常后翅会有明显的红斑，但有少数雌蝶不具有红斑，看起来与雄蝶极为相似。

玉带凤蝶（雌）

玉带凤蝶（雄）

美凤蝶是一种典型的雌性多型的蝴蝶——雌蝶的外形变化多端，尾凸、白斑、红斑等识别特征似乎呈现出繁多的排列组合。甚至还有一些案例中出现了雌雄同体的情况，左右两侧的翅形态分别为不同的性别。

美凤蝶（雌）

美凤蝶（雌）

美凤蝶（雌）

美凤蝶（雄）

蓝凤蝶

玉斑凤蝶

达摩凤蝶

除了柑橘，芸香科的**花椒**也是凤蝶们的重要口粮。特别是对于那些分布在北方的凤蝶来说，柑橘无法适应寒冷的天气，花椒则成为它们最重要的寄主。而另外一些凤蝶，如**碧凤蝶**和**巴黎翠凤蝶**，则偏爱那些生长在山野中的野生植物，如**吴茱萸**和**两面针**，这使得它们在日常生活中更为罕见。

碧凤蝶

巴黎翠凤蝶

凤蝶的幼虫和蛹都很有特色。低龄幼虫通常为黑白相间，拟态为鸟粪，高龄幼虫则伪装成一条青绿色的小蛇。受到惊吓时，幼虫脑袋上会伸出臭腺吓退敌人——“小蛇”也会吐信子。虽然被叫作臭腺，但它散发的气味对人类来说却不算糟糕，甚至还带有柑橘的果香。不同种类的凤蝶幼虫会伸出不同颜色的臭腺，玉带凤蝶是红色，柑橘凤蝶是黄色，宽尾凤蝶是白色……这也是区分幼虫的特征之一。

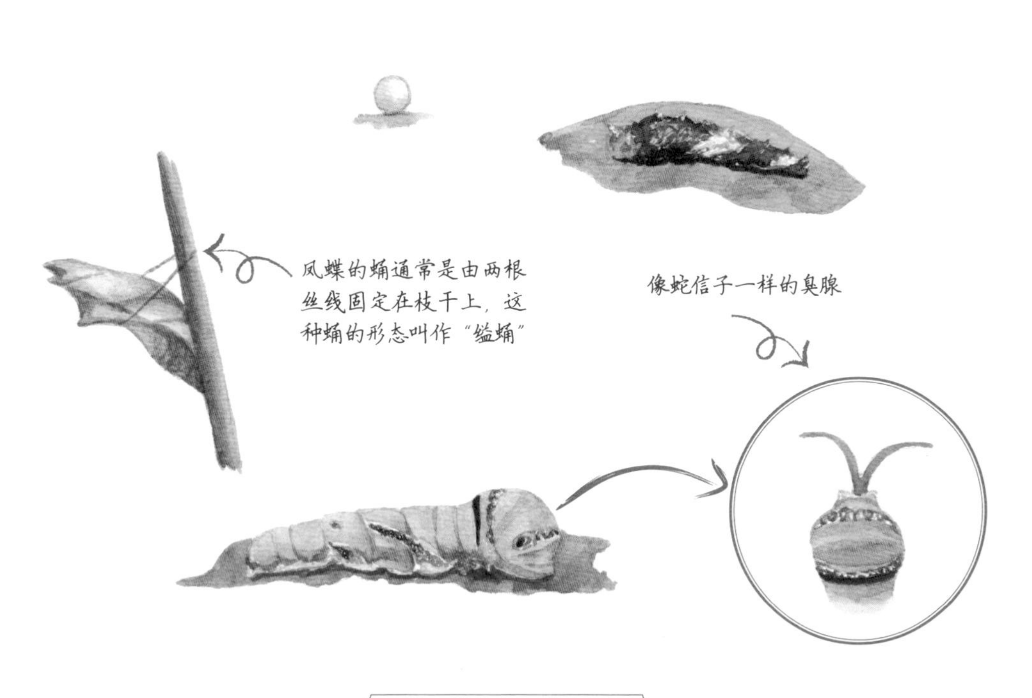

玉带凤蝶的卵、幼虫和蛹

❷ 芒果、荔枝 / 尖翅翠蛱蝶

热带地区水果种类丰富，其中芒果和荔枝备受人们喜爱。芒果（**杧果**）是漆树科植物，**荔枝**是无患子科植物，尽管在外表上似乎并无共同之处，但它们却是同一种蝴蝶——**尖翅翠蛱蝶**的寄主。在热带地区，芒果树和荔枝树随处可见。它们不仅出现在果园中，更是房前屋后和城市绿化中的常用植物。这些高大的常绿植物为尖翅翠蛱蝶提供了理想的生存环境。因此，尖翅翠蛱蝶也成为这些热带城市中的常客。

芒果的小花

芒果的花序为圆锥花序

芒果叶片的中脉和侧脉很明显，尖翅翠蛱蝶的幼虫巧妙利用了这个特征，它趴在叶中脉上，可以形成完美的伪装

芒果的叶片很大，通常有十几至二十厘米长，尾部有尾尖

芒果

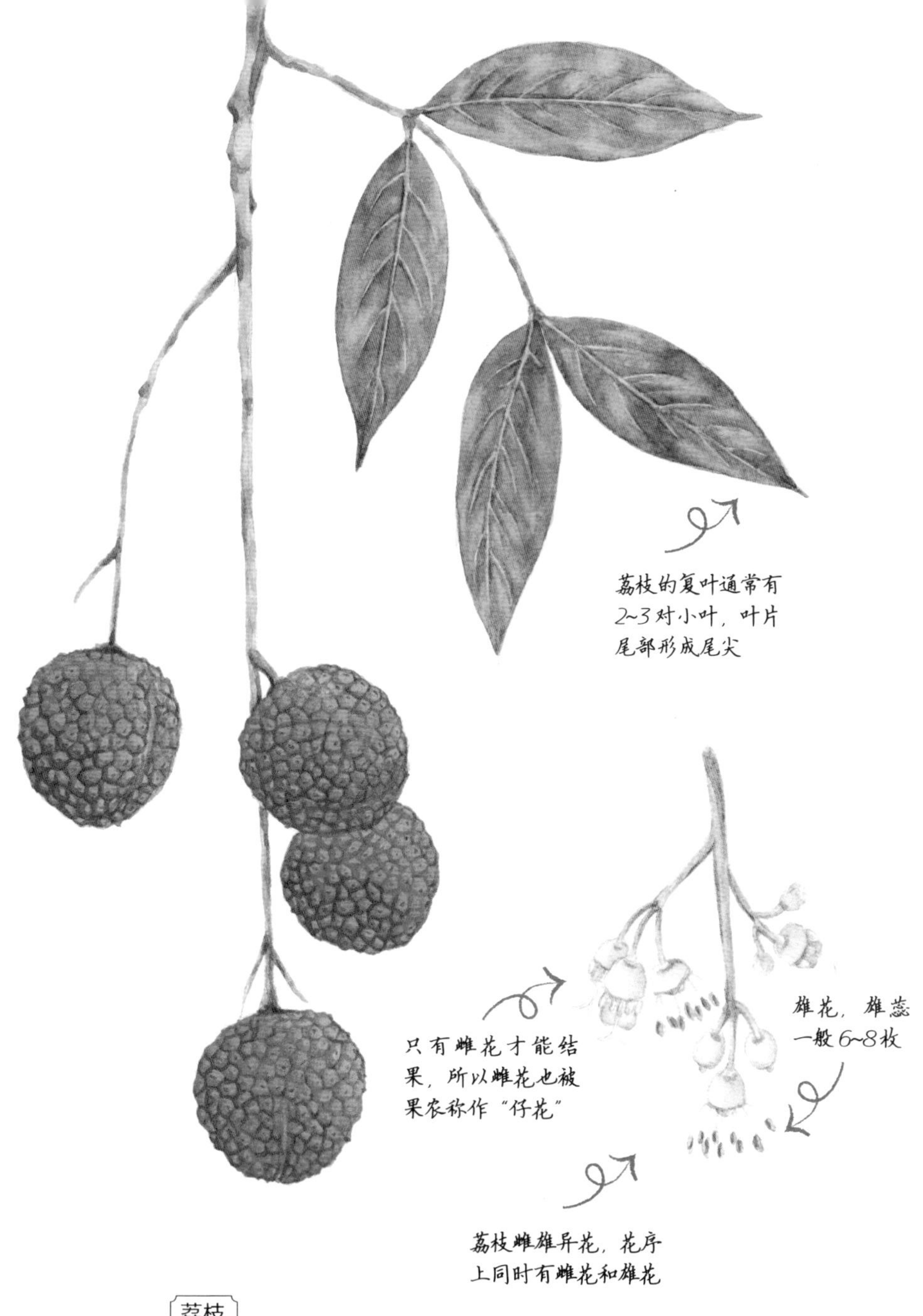
荔枝的复叶通常有
2~3对小叶，叶片
尾部形成尾尖
只有雌花才能结
果，所以雌花也被
果农称作“仔花”
雄花，雄蕊
一般6~8枚
荔枝雌雄异花，花序
上同时有雌花和雄花

荔枝

尖翅翠蛱蝶的成虫颜色灰黑，不太引人注目，但它们的幼虫却别具特色——翠绿色的幼虫浑身长满了超长的羽叶状刺，看起来咋咋呼呼，十分不好惹的样子。不过这些刺只是看起来可怕，其实并没有毒性，只能依靠外表吓退天敌。这些刺的另一个重要作用是帮助幼虫进行拟态。幼虫的身体扁平，休息时会趴在芒果或荔枝宽大的叶片中央，身体上黄色的一条纵纹刚好与黄绿色的叶中脉重合，散射状的枝刺模拟了两侧叶脉，这样一身装扮帮助幼虫完美隐身。另外一些蛾类的幼虫也有着类似的拟态方式，例如扁刺蛾属的幼虫，与尖翅翠蛱蝶的幼虫看起来也有几分相似。但是，这些蛾类幼虫却是有毒的，若是被它们的刺扎到可不好受。

尖翅翠蛱蝶的蛹是绿色的悬蛹，上面对称分布白色的斑点，从正面看，犹如倒挂在枝头的蝙蝠

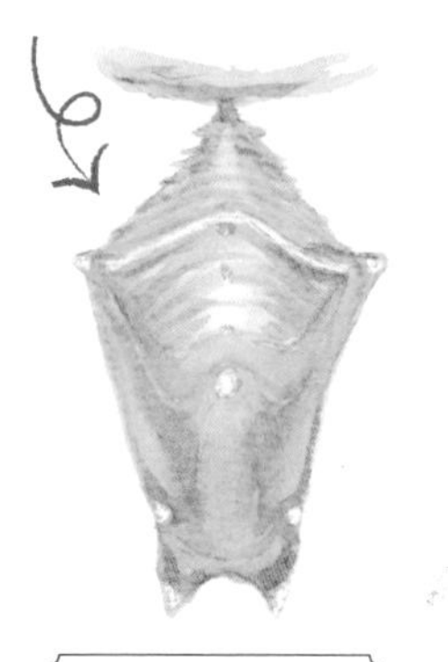

尖翅翠蛱蝶的蛹

尖翅翠蛱蝶的卵

放大的卵像一颗绿色的微型草莓，上面还长有细长的刚毛

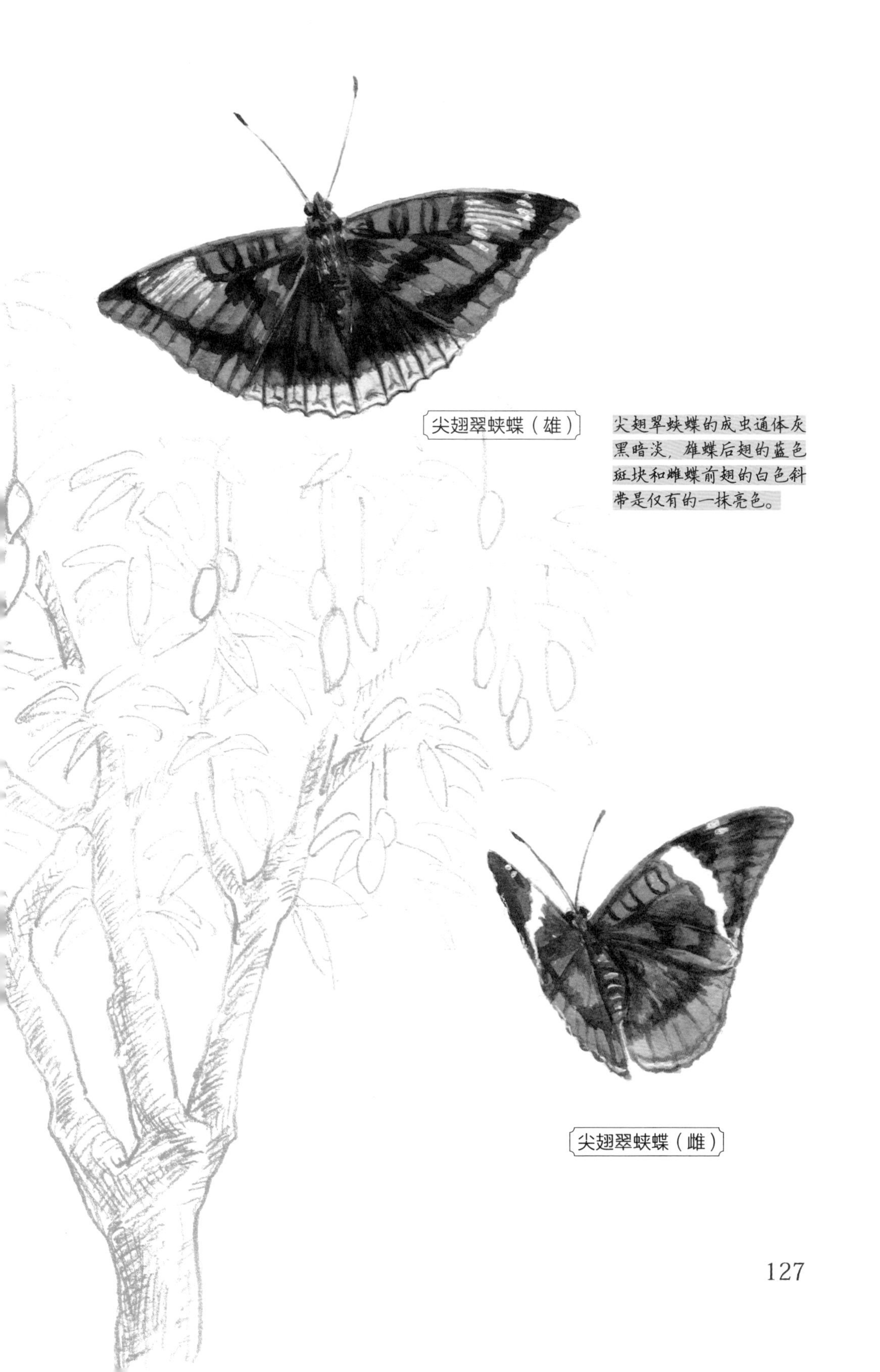

尖翅翠蛱蝶（雄）

尖翅翠蛱蝶的成虫通体灰黑暗淡，雄蝶后翅的蓝色斑块和雌蝶前翅的白色斜带是仅有的一抹亮色。

尖翅翠蛱蝶（雌）

③ 百香果、蛇王藤 / 白带锯蛱蝶、红锯蛱蝶

提到西番莲属的植物，许多人首先想到的是那酸甜可口的百香果（**鸡蛋果**）。这种颇受欢迎的热带水果果瓤多汁，香气独特，成为制作果汁、果酱和甜品的绝佳选择。然而，在植物的世界里，西番莲科则包含了十几个属、上百种的不同植物，它们中的绝大多数分布在美洲，只有少数原生于我国，例如大家未曾耳闻的**蛇王藤**、**三开瓢**——它们是生长在西南地区山谷中的野生植物，是**白带锯蛱蝶**和**红锯蛱蝶**的寄主。

我们熟悉的百香果（鸡蛋果），卵圆形的果实内部充满酸甜可口的浆汁和黑色的种子。其他同属植物的果实长相与之类似，但是口味却不似百香果香甜。

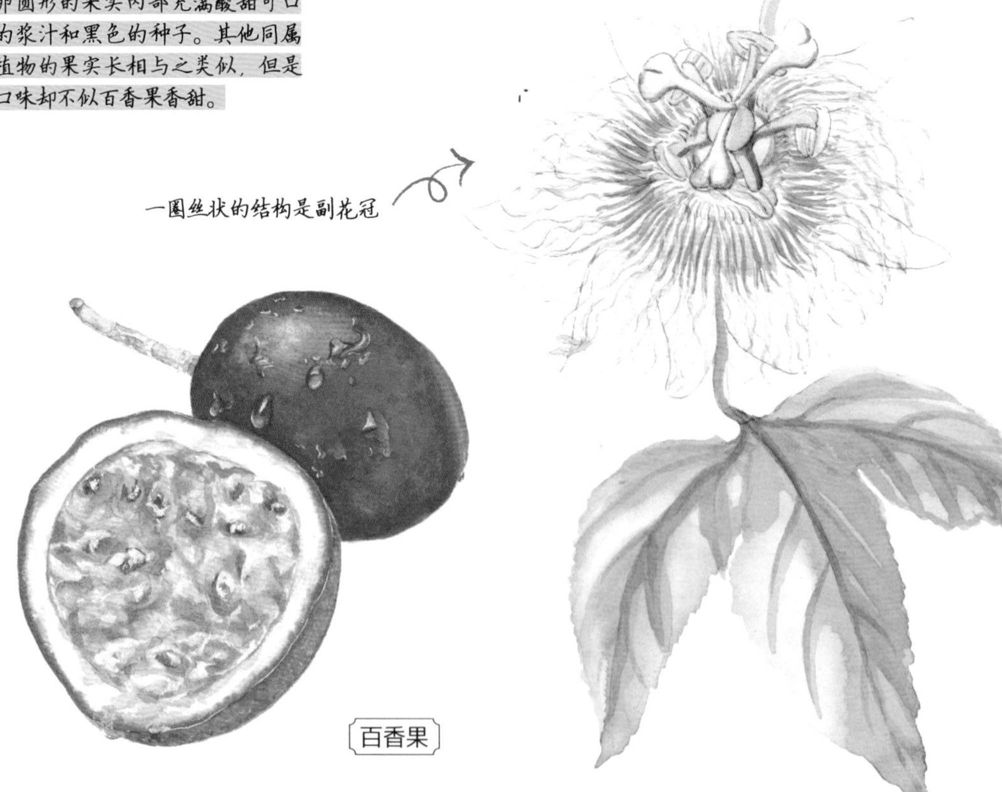

百香果

蛇王藤

锯蛱蝶属的蝴蝶在我国只有白带锯蛱蝶和红锯蛱蝶两种，它们因后翅外缘布满锯齿状的花纹而得名。两者的外形比较相似，但白带锯蛱蝶的前翅上有一条明显的白带，因此可以很轻松地区分它们。对居住在江浙地区的读者来说，这两种热带蝴蝶在野外和城市里很难见到。不过，因为它们有着十分漂亮的橙红色翅膀和精致的花纹，人们将它们作为观赏蝴蝶进行人工饲养繁殖，使它们成为蝴蝶产业中最常见的蝶种之一。因此，读者朋友们在标本市场和蝴蝶馆中，很有可能见到这两种美丽的蝴蝶。

白带锯蛱蝶前翅有一条明显的带状白斑，红锯蛱蝶则没有

白带锯蛱蝶

白带锯蛱蝶（腹面）

红锯蛱蝶
锯蛱蝶的翅边缘有着独特
的锯齿状花纹
红锯蛱蝶（腹面）

郁郁葱葱的菜圃

城郊的菜畦和院子里的小菜圃

白菜、豆角、萝卜……

人类喜欢

蝴蝶也喜欢

❶ 油菜、诸葛菜、萝卜等 / 菜粉蝶、东方菜粉蝶、橙翅襟粉蝶等

在我们日常的餐桌上，十字花科蔬菜占据了不可或缺的地位，包括**白菜**、**青菜**、包菜（**甘蓝**）、**花椰菜**、**萝卜**……它们有着共同的特点：4 片花瓣呈十字排列——因此得名十字花科。除此之外，**油菜**、**诸葛菜**、**碎米芥**等同科的植物也十分常见。

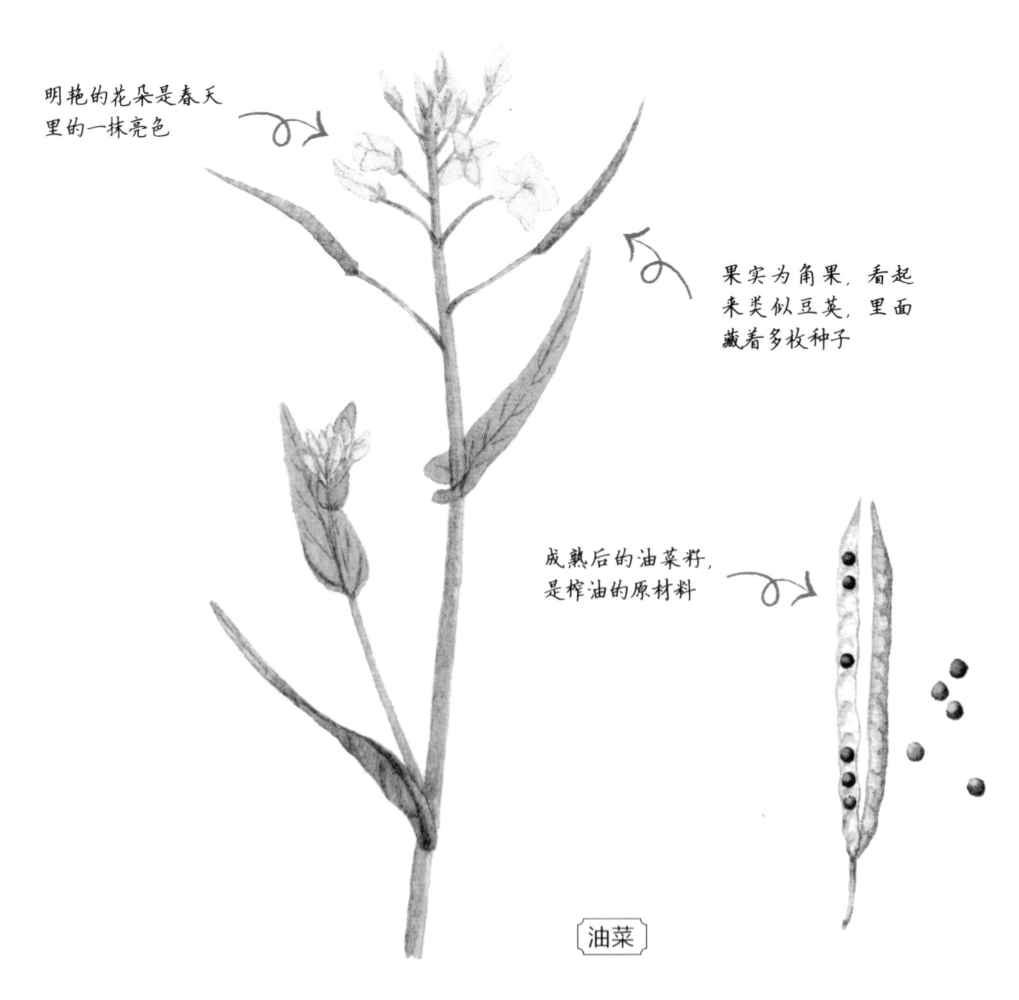

十字花科植物的花朵，虽然颜色不同，但结构相似，有“四强雄蕊”的特征：2枚雄蕊的花丝较短，4枚雄蕊的花丝较长。

诸葛菜，又名二月兰，是春天最受欢迎的野花之一。成片的紫色花海煞是美丽

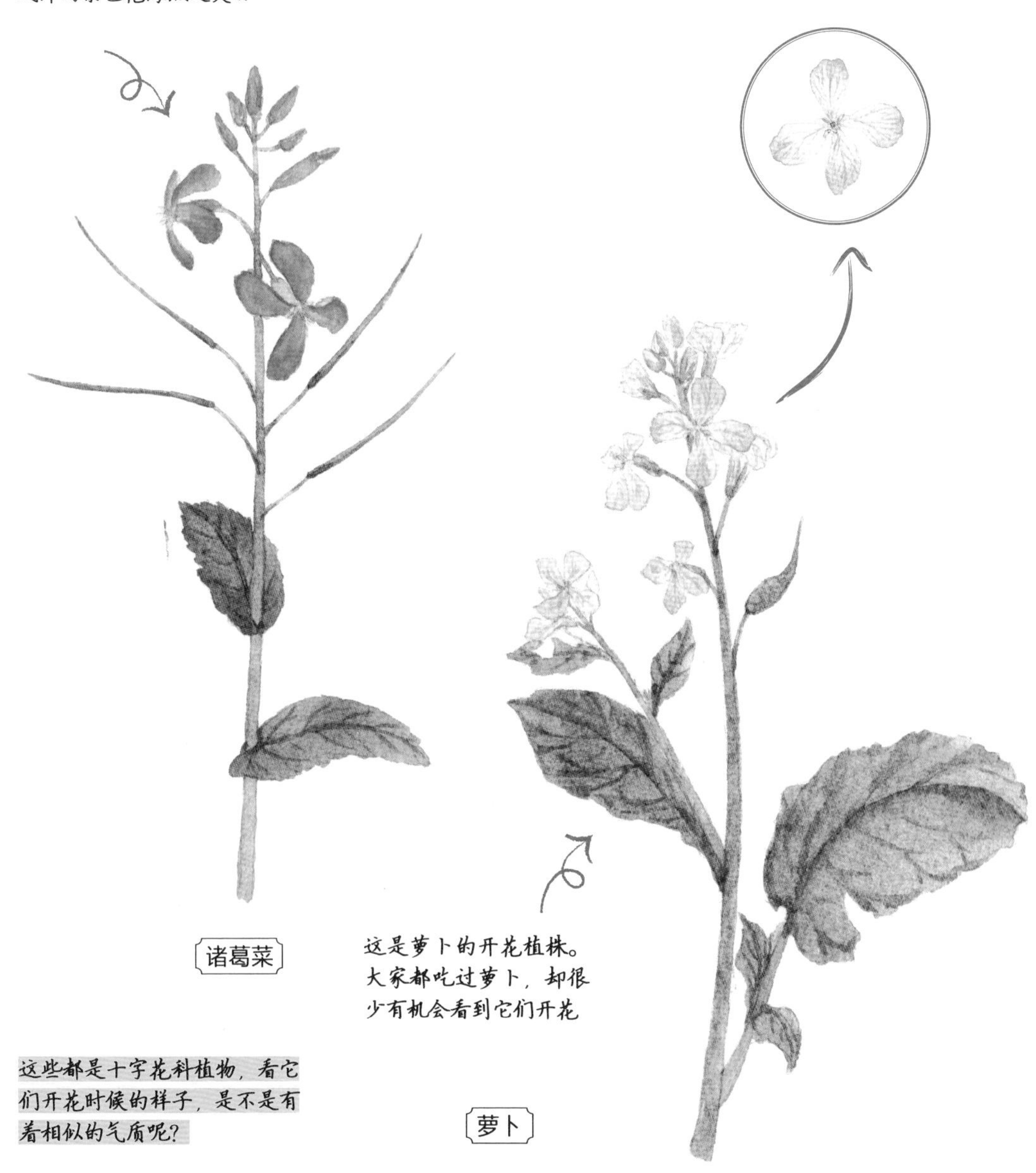

这是萝卜的开花植株。大家都吃过萝卜，却很少有机会看到它们开花

这些都是十字花科植物，看它们开花时候的样子，是不是有着相似的气质呢？

如果有读者尝试种过这些蔬菜，那一定会感受到“有机栽培”的困难。因为它们特别招虫，尤其在户外环境中很难逃脱菜青虫的侵袭。绿油油肥嘟嘟的青虫趴在蔬菜肥厚的叶片上大快朵颐，如若治虫时稍有倦怠，叶片就会变得千疮百孔，甚至只剩下叶柄和叶脉。所以在农业生产上，为了防止蔬菜绝产，通常使用杀虫剂来对付它们。对于小面积栽培的农户，或者愿意尝试有机栽培的读者来说，则可以使用防虫网或者与具有驱避作用的植物间作等方法，来减少农药的使用。

十字花科的蔬菜占据了叶菜类的半壁江山。这些蔬菜的叶片大多鲜嫩多汁，重要的是还含有芥子油苷，成为粉蝶幼虫最爱的食物。

白菜

包菜（甘蓝）

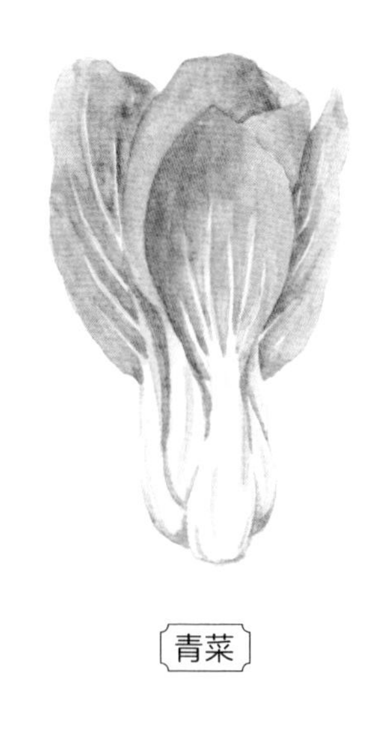

青菜

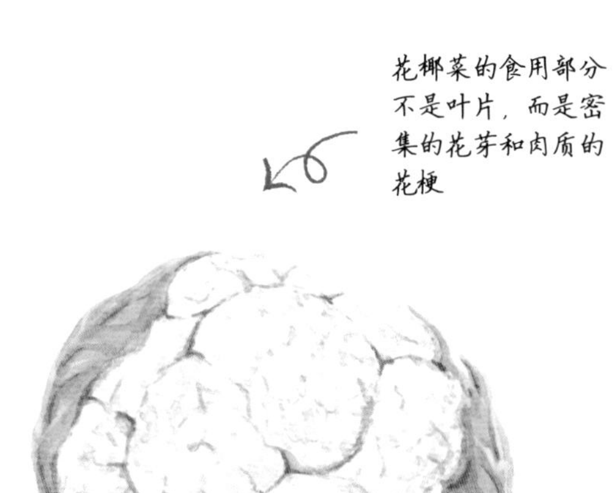

花椰菜

菜青虫，即**菜粉蝶**的幼虫，之所以对十字花科植物如此钟爱，是因为这些植物中含有一种特殊的物质——芥子油苷。这种物质具有辛辣的气味，我们熟悉的萝卜的辣味和芥菜制成的黄芥末的刺激味道，都来源于它。一般的动物会对这种辛辣的物质敬而远之，植物因此可免受食草者的侵扰。但菜粉蝶却没有按照既定剧本演化，相反，它们对这种刺激物质情有独钟，并靠此来识别寄主，成为这类植物最大的天敌之一。这个植物和昆虫之间“斗智斗勇”的故事，体现出自然界万物进化过程的精彩与奇妙。

菜粉蝶的幼虫

菜粉蝶玉米状的卵

两种蝴蝶的蛹的区别：一个棱角尖尖，一个更圆润。

东方菜粉蝶的蛹

菜粉蝶的蛹

菜粉蝶是城市和乡村中最常见的蝴蝶，几乎随处可见。菜粉蝶的发生期很长，除了在最寒冷的季节它们以蛹越冬外，其余时间都能见到。**东方菜粉蝶**与菜粉蝶十分相似，都是最常见的粉蝶之一。还有其他一些粉蝶的出镜率相对低一些，比如**橙翅襟粉蝶、黄尖襟粉蝶、云粉蝶**等，也以十字花科植物作为寄主。

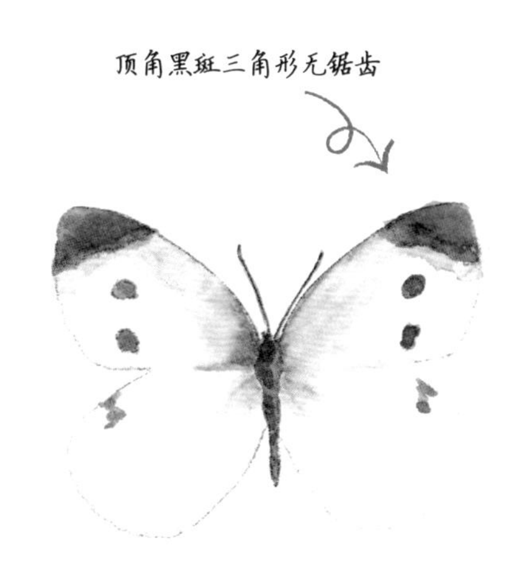

菜粉蝶

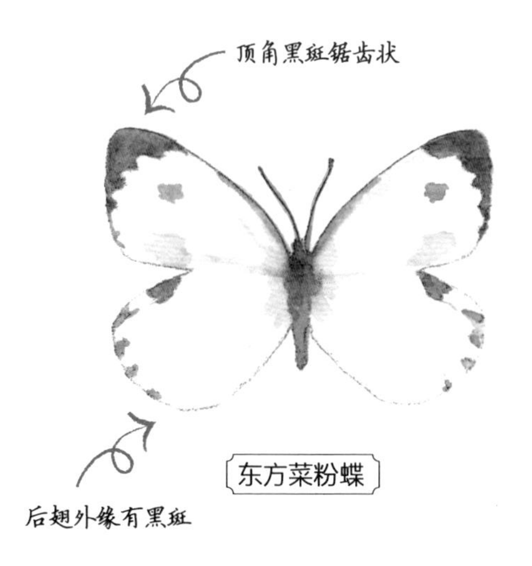

东方菜粉蝶

橙翅襟粉蝶（雄）

橙翅襟粉蝶（雌）

黄尖襟粉蝶（雄）

云粉蝶

❷ 胡萝卜、野胡萝卜、茴香 / 金凤蝶

我们知道萝卜属于十字花科，那么胡萝卜呢？虽然名字相似，但是这两种蔬菜却并没有什么亲缘关系。**胡萝卜**是伞形科植物，与香菜（**芫荽**）、**茴香**等香料作物是亲戚——也难怪胡萝卜吃起来总有一些说不清的特殊味道。很早以前，人们将野生胡萝卜有香味的种子磨碎，作为香辛料使用。

伞形科也是一类以花朵形态命名的植物家族。顾名思义，它们的花序如同一把撑开的小伞，每一朵小花的花梗如同伞骨一样，呈放射状排列。不过，这些伞形科蔬菜和香料植物的花朵并不常见，因为无论是食用的根茎还是叶片，都等不到开花就会被采收。

但若是想见到这些小伞花也容易——春夏时节，在野外山坡或者旷野中能见到**野胡萝卜**成片开放的白色伞花。这些花朵看起来充满乡间野趣，颇有装饰性，也被称为“蕾丝花”，一些园艺品种可作为鲜切花观赏。野胡萝卜是胡萝卜的祖先，它们的根没有那么鲜嫩多汁，看起来又硬又细，与杂草的根相差无几。而我们常吃的橙色胡萝卜是人工选育出来的品种，人们还培育出黄色、紫色、红色、白色等多种色彩的胡萝卜，不知大家见过几种？

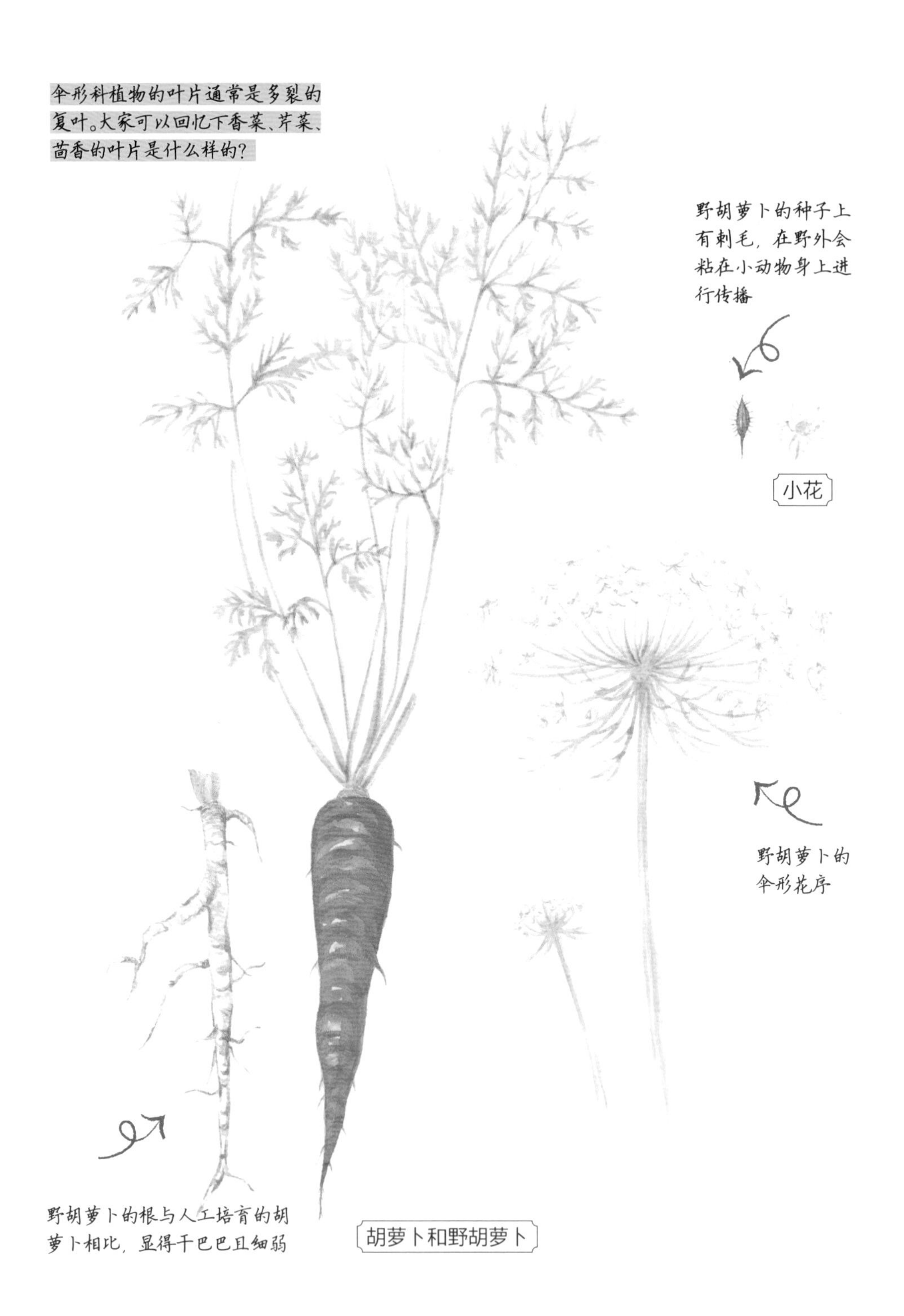
伞形科植物的叶片通常是多裂的复叶。大家可以回忆下香菜、芹菜、茴香的叶片是什么样的?
野胡萝卜的种子上有刺毛，在野外会粘在小动物身上进行传播
小花
野胡萝卜的伞形花序
野胡萝卜的根与人工培育的胡萝卜相比，显得干巴巴且细弱

胡萝卜和野胡萝卜

茴香

这些伞形科的植物，会吸引**金凤蝶**前来产卵。金凤蝶的长相与柑橘凤蝶十分相似，但是浅黄色的翅膀更加鲜亮，前翅基部的斑纹也与柑橘凤蝶不同，因此，熟悉它们的朋友能够很快区分出来。金凤蝶的幼虫也很奇特，淡绿的底色配上黑色和橘色的斑纹，使这些幼虫看起来如同柔软且富有弹性的橡胶玩具，颇具童趣。

金凤蝶与柑橘凤蝶有些相似，但前翅基部的斑纹明显不同。

金凤蝶

柑橘凤蝶

③ 豆类 / 亮灰蝶

豆类是我们餐桌上很重要的一类蔬菜。我们食用豆类的果荚或者种子。各种各样的豆类大小、形状各不相同，但都具有丰富的营养价值，是人们获得植物蛋白的重要来源。在居民自家的小菜园中，**扁豆**是非常受欢迎的一种蔬菜，因为它好养活、开花漂亮、花期长，用来攀缘在藤架或者篱笆上，既有野趣又能收获豆角。**豌豆**是一种吃法多样的蔬菜，嫩的豌豆果荚脆爽可口；青绿色的种子圆滚滚，可爱又好吃；鲜嫩的豌豆苗也是美味，在江南地区备受喜爱。**刀豆**不但可以作为蔬菜食用，还是一味中药。**豇豆**也很常见，长条形的豆荚能长至几十厘米长，一条条挂在枝头，很有特色。不过，在享用这些豆子时，一定要注意烧熟再吃，不然生豆子中含有的皂苷与血细胞凝集素可能会引发食物中毒。

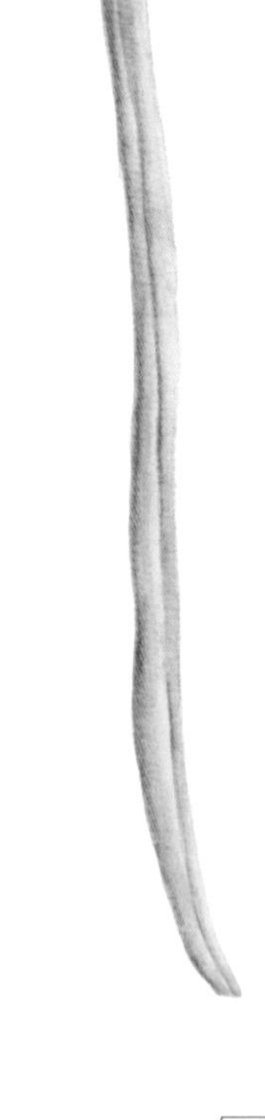

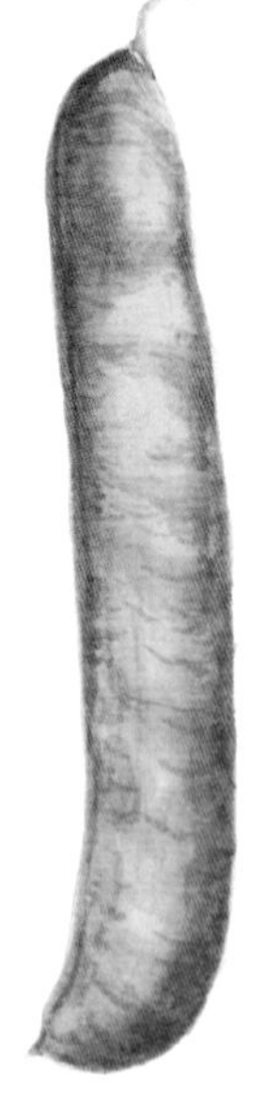

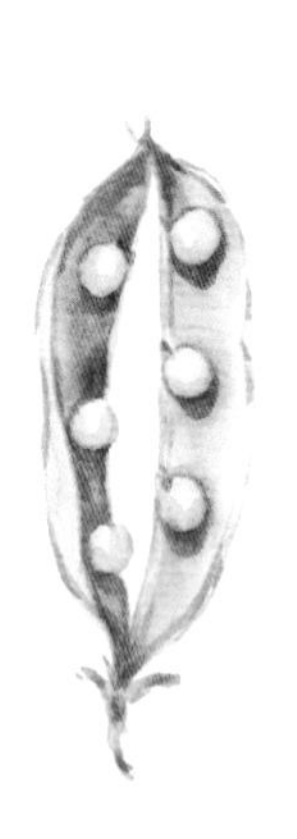

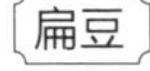

扁豆　豌豆　刀豆　豇豆

豆科植物还有一种特殊的能力——与根瘤菌共生。这种共生关系使得豆科植物能够从空气中吸收氮气，并将其转化为植物能够利用的氮素养料。这种固氮作用不仅促进了豆科植物的生长，而且在其枯枝残叶分解后，还能为后续的作物提供养分。因此，豆类植物在农田轮作和间作中扮演着重要的角色，是改善土壤质量的绿色肥料。

亮灰蝶

亮灰蝶（腹面）

扁豆花与亮灰蝶

夏秋季节，搭着豆架的菜圃旁一定少不了一种灰蝶的身影——**亮灰蝶**。它们的翅膀在阳光下泛着淡蓝色的光泽，看起来质朴素雅，后翅还拖着两条小小的尾凸，显得飘逸又精致。然而这些小灰蝶却可能成为令农民们头疼的农业“害虫”。亮灰蝶会将卵产在豆科植物的花苞或嫩叶上。幼虫孵化后会钻进幼嫩的花苞或豆荚中大快朵颐，直到快化蛹时才钻出来找寻化蛹地点。亮灰蝶一年发生多代，且发生量大，严重时会将花苞和豆荚啃食殆尽。

广袤无垠的农田

一望无际的良田

水稻生机勃勃

小麦郁郁葱葱

农民在挥汗，蝴蝶在飞舞

❶ 禾本科植物 / 隐纹谷弄蝶、直纹稻弄蝶、稻眉眼蝶

稻米，作为中国人的主食之一，其重要性不言而喻。**水稻**所属的禾本科是个庞大的家族，为人类贡献了众多宝贵的农作物，包括我们熟悉的**小麦**、**甘蔗**、**玉米**、**高粱**、茭白（**菰**）等。此外，还有一些我们常见的野草或者观赏植物，比如**狗尾草**、**白茅**等，也都属于这个大家族。这些植物们养育了一群奇特的弄蝶。

狗尾草

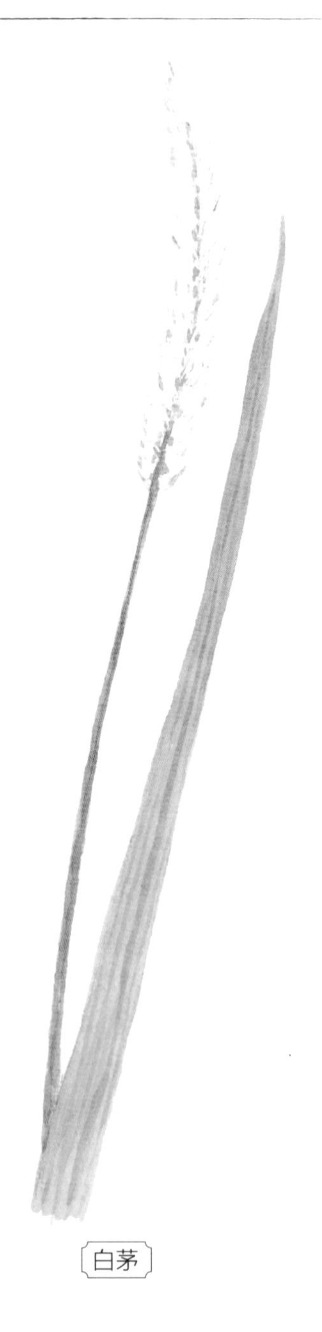

白茅

我们常见的许多粮食作物都是禾本科的植物，除此以外还有很多常见的野草。大家不妨找一找它们的共同点呢！

隐纹谷弄蝶和**直纹稻弄蝶**,作为弄蝶家族的代表,与水稻等禾本科植物有着不解之缘。它们的幼虫喜欢藏身于禾本科植物细长的叶片中，巧妙地利用丝线将叶片卷曲,形成一个个“叶巢”。在这个小小的世界里,它们安静地啃食，享受着大自然的馈赠。

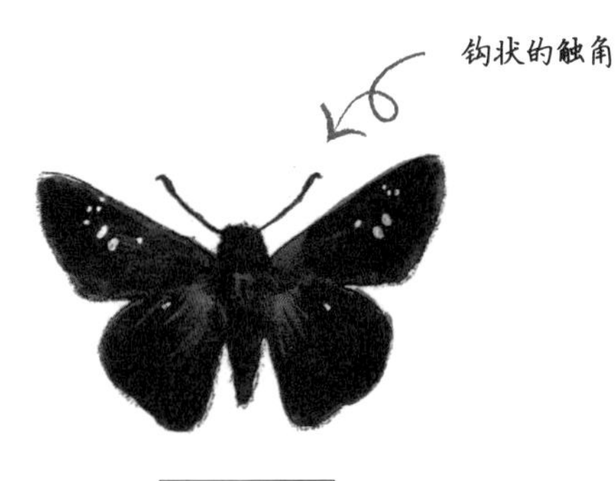

隐纹谷弄蝶

直纹稻弄蝶

弄蝶的成虫外貌有些奇特，它们大多没有漂亮舒展的翅膀，反而将灰色的翅膀叠在身后，加上胖胖的身体和钩状的触角，怎么看都像是蛾子。不过，它们不会像蛾子一样在夜晚活动，而喜欢在阳光下访花，在城市的花丛中就能见到它们。弄蝶的飞行速度很快，甚至看起来犹如在花丛中跳跃，因此它们的英文名叫作 Skippers（跳跃者），非常生动形象。可是由于它们过于朴实的外表，我们往往会忽略它们的存在。

如果运气好的话，在这些禾本科植物上还能发现一个“萌物”——**稻眉眼蝶**的幼虫。它们乍看起来是平平无奇的青绿色毛虫，但换一个正面的视角，就能看到一个可爱的“猫头”。不过，在这些禾本科植物上发现的毛毛虫可不一定都是蝴蝶的幼虫，也很有可能遇到一些蛾类的幼虫，比如**卷叶螟**——它们常常会对粮食作物造成危害。

稻眉眼蝶

❷ 蚜虫 / 蚜灰蝶

最后，我们来认识一种非常特殊的蝴蝶——**蚜灰蝶**。它的特殊之处从名字中便能得知：它们的寄主不是植物，而是**蚜虫**，也就是说，这类蝴蝶可不是吃素的！

蚜灰蝶　　蚜灰蝶（腹面）

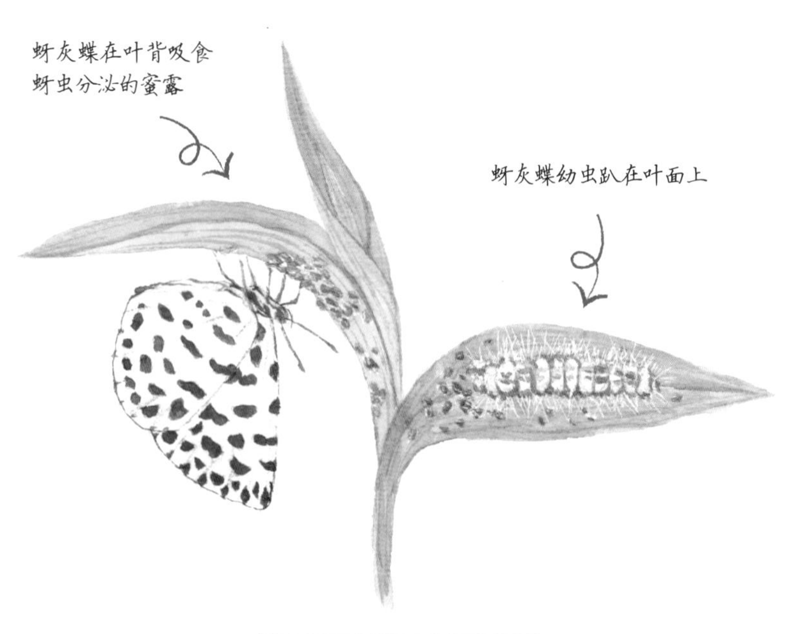

正在进食的蚜灰蝶和幼虫

蚜虫，作为农业生产中的一大“害虫”，其危害范围广泛，几乎涵盖了所有的农作物和观赏植物。它们通过刺吸植物汁液，造成植物营养匮乏，影响植物的正常生长。同时，蚜虫还能分泌蜜露，这不仅污染了植物叶片，还吸引了蚂蚁，并造成霉菌的滋生，进一步加剧了植物的受害程度。更为严重的是，蚜虫还是植物病毒的传播者，一旦植物受到病毒侵害，往往会造成病害的流行，给农业生产带来巨大损失。

蚜灰蝶卵顶部平，形似飞碟

蚜灰蝶的卵

蚜虫的种类非常多，这些是其中几种以禾本科植物为食的蚜虫。

竹色蚜

竹舞蚜

居竹伪角蚜

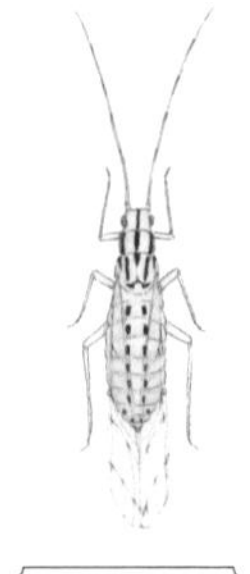

竹纵斑蚜

蚜虫的繁殖能力非常强，并且能够进行孤雌生殖，也就是雌虫无须交配就能以“胎生”的方式复制出后代。这种繁殖方式的效率很高，几天之内就能完成一个世代，每只雌虫能够产下几十甚至上百个后代。蚜虫中还会产生一些有翅膀的个体，能够迁飞并扩散到各处寻找食物。所以，凡是有过种菜养花经验的读者，一定对这些防不胜防且难以根治的小昆虫感到又气又恨。不过，这些蚜虫之所以将疯狂繁殖作为自己的生存策略，是因为它们的单独个体非常脆弱，既无坚硬的外壳防身，也没有攻击性的武器吓退敌人。所以，在自然界中，蚜虫有着大量的天敌。

蚜灰蝶正是蚜虫天敌大军中的一员。它们的幼虫以蚜虫为食，成虫则吸食蚜虫分泌的蜜露。不过蚜灰蝶也会挑食，它们仅偏好取食几种以竹类、甘蔗等禾本科植物为食的蚜虫。蚜灰蝶幼虫的胃口很大，一天甚至能吃掉上百只蚜虫。在园林和农业上往往使用农药来控制蚜虫的数量，所以蚜灰蝶的数量并不多。读者若能见到正在遭受蚜虫侵袭的禾本科植物,不妨找一找蚜灰蝶的身影。它们的幼虫会将蚜虫身体表面的蜡状物扯下来粘在自己身上，从而躲过蚂蚁的袭击。成虫则比较“懒”，不爱飞翔，喜欢在植物上“散步”到蚜虫身边，然后贪婪地吸食蚜虫分泌的蜜露。

蚂蚁将蚜虫分泌的蜜露作为食物来源之一，与蚜虫形成了共生关系。因此，蚜灰蝶幼虫在捕食蚜虫时可能会被蚂蚁攻击，因为它们影响了蚂蚁的食物供应。

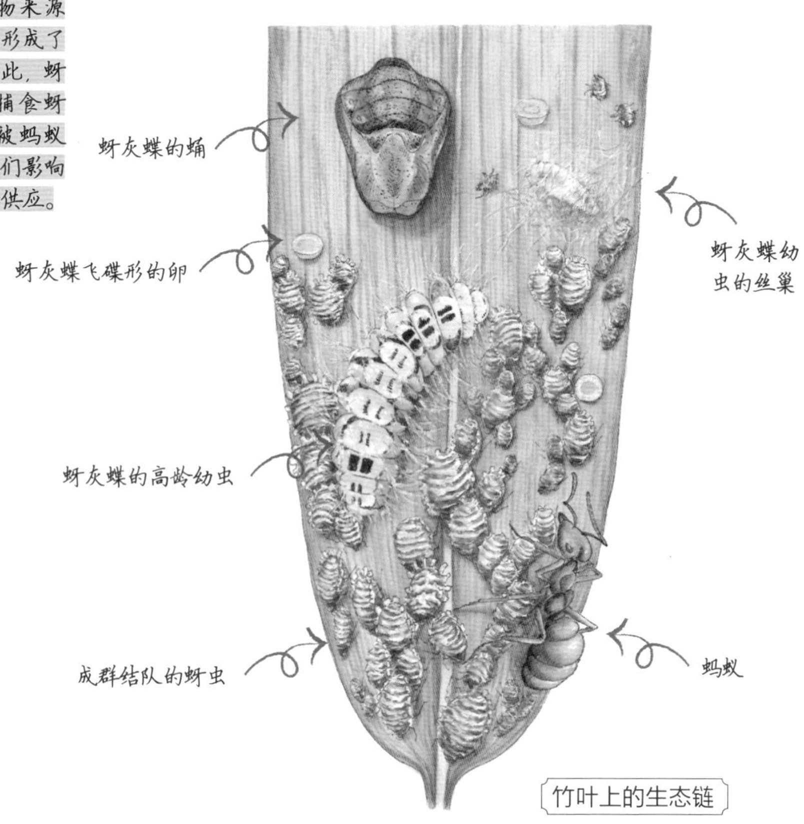

竹叶上的生态链

第五章

蝴蝶花园

我们身边的蝴蝶种类繁多，远超我们的想象。这一切都得益于那些默默生长的寄主植物。探索这些植物的奥秘，寻找蝴蝶的幼虫与蛹，无疑是一次充满乐趣与挑战的奇妙之旅。而对于那些渴望欣赏蝴蝶之美的读者而言，鲜花盛开的花坛或庭院则是最佳的观赏场所。置身于娇艳的花丛中，欣赏蝴蝶翩翩起舞，那份美好与宁静令人着迷。

花朵的鲜艳色彩与花蜜的诱人香气吸引着蝴蝶前来。不同种类的蝴蝶在访花时展现出的姿态各异，有些静静地停歇在花瓣上，有些则轻盈地扇动翅膀悬停在空中。蝴蝶对于花朵的偏好也各不相同，它们会根据花的大小、形态以及开花时间等因素，选择最适合自己的蜜源。当然，书中还介绍了很多不访花的蝴蝶，它们的进食习性也各有差异。因此，观察蝴蝶的访花和吸食行为，也是一件很有趣的事情。

若是你有幸拥有一片属于自己的庭院，并希望将其打造成蝴蝶、蜜蜂等小动物的乐园，那么植物的搭配就显得尤为重要。对于一个四季有蝶的“蝴蝶花园”来说，能在不同季节绽放的植物是不可或缺的，它们将为蝴蝶提供全年的花蜜来源。此外，你还可以根据自己的喜好和庭院的特点，搭配蝴蝶寄主植物、高大遮阴的躲避和停歇植物、供蝴蝶吸水的浅滩水源以及蝴蝶取暖的向阳岩石等景观要素，将庭院打造成为一个真正意义上的蝴蝶友好生态家园。

春天是万物复苏的时节，经过一个冬天的沉寂，一些植物率先开出花来。

有我们熟悉的十字花科植物：油菜、二月兰。还有兄弟姐妹众多的蔷薇科植物们：桃、梨、樱、李、杏……它们的花朵大而娇艳，却常常让刚入门植物识别的花友们犯脸盲症。花园里的迎春、

结香、杜鹃也争相报春。野地里还有星星点点的蒲公英、堇菜、老鸦瓣、点地梅、鼠曲草、委陵菜、刺儿菜等野花。这些或明艳或低调的花朵，在渐暖的春风中绽放，也为第一批越过寒冬刚刚苏醒或羽化的蝴蝶们提供了宝贵的食物来源。

6—8 月，温暖环境下的开花植物更多了，蝴蝶也更活跃了。

菊科植物们的明艳花朵，为夏季的花园营造出热烈的氛围，松果菊、金鸡菊、孔雀草、百日菊、蛇鞭菊，种类繁多。马鞭草、醉蝶花、醉鱼草、穗花牡荆、石竹、假连翘……这些形态各异的观赏植物在花园中越来越常

见。马路两侧的木槿、女贞，还有容易被忽视的路边野草，比如乌蔹莓、一年蓬、藿香蓟、益母草、苣买菜等，它们也默默开出花朵，吸引着蝴蝶来访。除此之外，我们在露台和庭院中种植的芳香植物，像是藿香、罗勒、鼠尾草、牛至、薄荷，甚至还有葱、韭菜、茼蒿、丝瓜等蔬菜的花朵，也会为蝴蝶们提供美味的花蜜。

秋冬季节逐渐寒冷，大部分的蝴蝶和植物都逐渐步入休眠的阶段。但是在气候温暖的地区，有些蝴蝶的成虫全年可见，因此，在秋冬季依然盛开花朵的植物对它们来说非常重要。

众所周知，菊花是在秋季开花的植物，菊科大家庭成员很多，观赏植物有大吴风草、紫菀；可食用的有菊花脑、马兰；野生植物有鬼针草、千里光等，

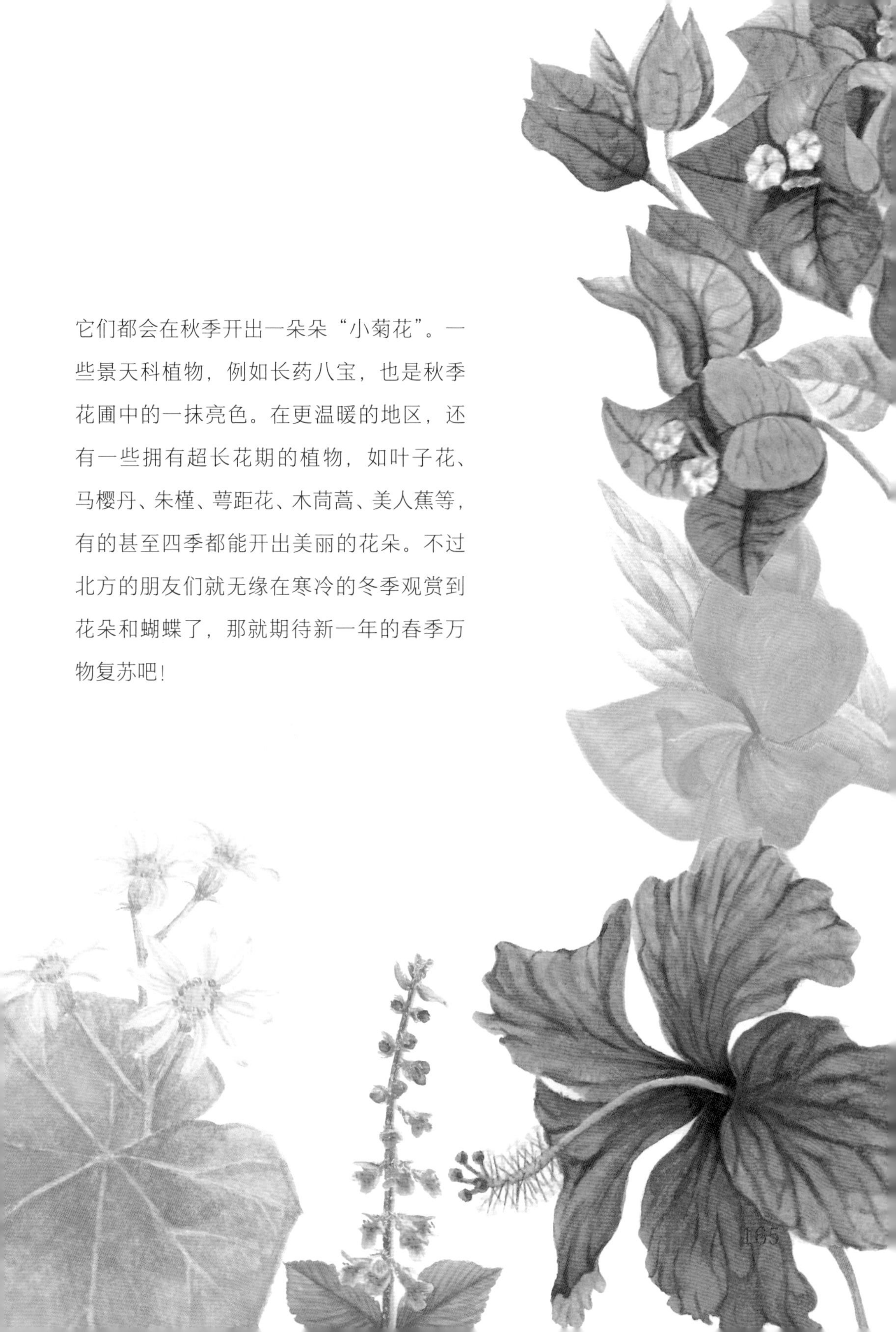

它们都会在秋季开出一朵朵“小菊花”。一些景天科植物，例如长药八宝，也是秋季花圃中的一抹亮色。在更温暖的地区，还有一些拥有超长花期的植物，如叶子花、马樱丹、朱槿、萼距花、木茼蒿、美人蕉等，有的甚至四季都能开出美丽的花朵。不过北方的朋友们就无缘在寒冷的冬季观赏到花朵和蝴蝶了，那就期待新一年的春季万物复苏吧!

植物拉丁名及插图索引

蝴蝶拉丁名及插图索引

后记

大自然中到处皆诗境，随时有物华。写作本书的初衷是对日常记录的蝴蝶和植物进行梳理，并且将这些身边的美好分享给更多喜爱自然的人们。而随着创作进程的深入，我逐渐发现这亦是一个提升自我的成长过程，如今书稿初成，心中竟充满了不舍。

回忆创作过程：

有惊喜——每当在野外观察和写生时，我时常为那些意外发现而欣喜驻足。无论是偶遇罕见蝴蝶的那一刻，还是观察到植物间微妙互动的瞬间，都让我感叹大自然的神奇与多彩。同时，我也深感自然界的奥秘无穷，身边还有许多未被我们发现的“秘境”。我期待着在未来的日子里，能够继续探索，将这些美好的瞬间记录下来，分享给热爱自然的同行者。

有敬佩——写作过程中，我查阅了大量前辈撰写的书籍和资料，包括武春生、许堉峰主编的《中国蝴蝶图鉴》，陈志兵等著的《上海蝴蝶》，诸立新等著的《安徽蝴蝶志》，以及我国几代植物学家共同编著的《中国植物志》等。前辈们对于自然的探索精神令我深感敬佩，他们为了揭开自然的奥秘，付出了艰苦的努力和无尽的汗水。

有收获——本书的插图绘制对我来说是一项极具挑战性的工作，却也是我收获最多的部分。在绘制过程中，我不仅要仔细观察动植物的特征，还要努力将它们的形态、色彩和神韵准确地呈现出来。

这不仅锻炼了我的观察力，也提升了我的绘画技巧。虽然受限于画幅和绘画精细度，有些细节并未能完全展现，但这也成为我今后努力提升的方向。我希望通过不断练习和学习，能够为大家呈现更加完美的作品。

本书的创作离不开家人和朋友对我的关爱和鼓励，也离不开同事们的支持和帮助，在此向他们表示诚挚的感谢。同时，也要感谢编辑在排版、校稿过程中的辛勤劳动。此外还要特别感谢：李聪颖老师和白熊老师对本书专业性的把关和宝贵建议。在与他们的交流学习中，我受益匪浅，深感学海无涯。受限于自身水平，本书中出现错误在所难免，恳请读者朋友们斧正。

最后，愿与读者诸君共聆自然之音、感自然之妙，原天地之美而达万物之理。

魏兰君

2024 年 6 月

江苏南京